Anleitung

zum Betriebe

kleinerer Landwirthschaften.

Von

G. Wunderlich.

Leipzig
Verlag von Veit & Comp.
1861.

Anleitung

zum Betriebe

kleinerer Landwirthschaften.

Anleitung

zum Betriebe

kleinerer Landwirthschaften.

Von

G. Wunderlich.

Leipzig,
Verlag von Veit & Comp.
1861.

Vorwort.

Für euch, ihr kleineren Bauernlandwirthe, und zu eurem Nutzen und Vortheil ist dies Büchlein geschrieben und gedruckt worden, und ich will euch auch sagen, weshalb.

Bewegt man sich nämlich in den Kreisen der kleineren bäuerlichen Landwirthe, hat man Gelegenheit, ja bringt es sogar Beruf und Amt mit sich, mit ihnen tagtäglich umzugehen, und besitzt man insonderheit ihr Vertrauen, so werden im freundlichen, theilnehmenden Gespräche die sonst schweigsamen Lippen des Bauersmannes redseliger, das Herz öffnet sich, und man hört Gutes und Böses, auch allerhand, davon große Herren und Gelehrte, sowie reiche Leute in der Stadt nichts wissen. Am meisten ist es aber die Klage, daß der Betrieb der kleineren Landwirthschaft in jetziger Zeit so wenig gewinnbringend sei; daß er namentlich nicht so viel abwerfe, um jährlich nach Deckung aller Wirthschaftsausgaben und Steuern einen Spar-, Noth- und Zehrpfennig zurücklegen zu können, wie dies bei den Vorfahren so gar häufig der Fall war; daß gerade der kleinere bäuerliche Landwirth andern Ständen gegenüber am gedrücktesten lebe und am meisten mit Steuern und Abgaben zu kämpfen habe, und was dergleichen Klagen mehr sind.

Wollte aber der Eine und Andere unter euch besser Gestellten behaupten, daß solche Klagen nur von Einzelnen, vielleicht mit ihrer Lage und ihrem Stande Unzufriedenen gehört würden, so sage ich: Nein! der gesammte deutsche Bauernstand leidet an diesem Uebel, wie dies Zeitschriften, Volksblätter und dergleichen beweisen, die diesen Gegenstand bereits öffentlich zur Sprache gebracht haben. So sagt z. B. in Nr. 1 des Jahrganges 1861 der Illustrirten Landwirthschaftlichen Dorfzeitung ein sehr geachteter und dem bäuerlichen Landwirth wohlwollender Schriftsteller, der zugleich selbst Landwirth und mit den Verhältnissen des kleineren Bauernlandwirthes ganz genau bekannt ist, Folgendes:

„Schmerzlich berührt mich der traurige Zustand so vieler Landwirthe in der Nähe und Ferne; besonders wenn ich wahrnehme, daß auch der sparsamste Landwirth fast nicht mehr im Stande ist, sich aufrecht zu halten. Selbst die bravsten Landwirthe sind in einer sehr gedrückten Lage, trotz aller Befreiung von Lasten und Fesseln. Diese hat einen Höhepunkt erreicht, der geradezu unerträglich zu werden an=

fängt. Man hört nichts als Klagen, auf dem Antlitze ist keine Spur von Frohsinn zu sehen, im Gemüthe kein Glauben, im Herzen kein Vertrauen. Zum Beweise könnte ich wirkliche Fälle anführen, wenn ich nicht befürchten müßte, daß sie für übertrieben und daher für unglaubwürdig gehalten werden könnten; allein man braucht nur auf die Fragen hinzusehen, welche unsere landwirthschaftlichen Vereine für ihre Debatten aufstellen, um sich von der Noth der kleineren Landwirthe zu überzeygen."

Der Verfasser des Büchleins „Natur und Landbau" führt in dieser Beziehung Thatsachen an, die dem Uneingeweihten unglaublich erscheinen dürften. Derselbe sagt z. B. Seite 12 dieses Werkchens: „Es sind mir Beispiele bekannt geworden, daß Bauern, die 3—4 Pferde im Stalle hatten, nicht 5 Silbergroschen Geld auftreiben konnten und vergeblich bei ihren Nachbarn danach borgen gingen. Im ganzen Dorfe war Geld nicht aufzutreiben." Und weiter heißt es in diesem Schriftchen sehr wahr und treffend: „Wie könnte es auch wohl anders sein! Der kleinere bäuerliche Landwirth erlernt sein Gewerbe nicht wie andere Gewerbtreibende, er wandert nicht, sieht nicht wie andere Länder und Völker es treiben, er bleibt an seiner Scholle kleben, und wie sein Groß- und sein Urgroßvater es gemacht, so macht er's auch. In nationalökonomischer Beziehung ist es aber keineswegs gleichgültig, ob der Ackerbau gut oder schlecht betrieben wird, ob er viel oder wenig abwirft. Da der Ackerbau die Grundlage zum Gedeihen eines civilisirten Staates bildet, und bei mangelhaftem Betriebe desselben, ja bei Mißernten z. B. sämmtliche Einwohner eines Staates in die größte Noth und in Elend gerathen, so ist dies der beste Beweis, wie rückwirkend der Betrieb des Ackerbaues auf alle Klassen der Gesellschaft sich zeigt. Es ist sonach der Bauer nicht allein, der verarmt und in Dürftigkeit dahin lebt, wenn er nicht den höchstmöglichen Ertrag aus seiner Wirthschaft zieht, alle übrigen Staatseinwohner leiden gleich sehr darunter."

Solche Zustände des ehrenwerthesten aller Stände sind gewiß gemütherregend für jeden Menschenfreund; wie viel mehr müssen sie aber das Herz Dessen bewegen, der mit eigenen Augen tagtäglich sieht, wie mancher der wackeren Landwirthe vom frühen Morgen bis zum späten Abend „im Schweiße seines Angesichts" sich abquält und bei aller Mühe und Arbeit nicht vorwärts kommt; der mit und unter diesen Leuten lebt, dem sich insonderheit das Herz und das Vertrauen dieser zuwendet, wie keinem Anderen! „Welches sind denn aber die Ursachen solcher Klagen, solcher betrübenden Zustände, und wie ist ihnen abzuhelfen?" — Diese Frage beschäftigte den Herausgeber manche Stunde, und eben dieser Frage verdankt das vorliegende Schriftchen seine Entstehung, sowie sein Zweck kein anderer ist, als euch, ihr kleineren Bauernlandwirthe, zu belehren, wie ihr den Betrieb der Landwirthschaft auf eine zeitgemäßere, verständigere und gewinnbringendere Weise zu führen habt, und wodurch ihr den höchsten Reinertrag nachhaltig aus eurer Wirthschaft erzielt; denn besonders in dem althergebrachten Betriebe der Landwirthschaft sieht der Herausgeber die Hauptursache der Klagen und des traurigen Zustandes von gar vielen Landwirthen.

Das Schriftchen will euch also belehren; aber ich weiß, wie gar mißtrauisch der kleinere Bauernlandwirth gegen alle Bücherweisheit ist. Nun, was das Büchlein zu eurer Belehrung euch bringt, ist keine Bücherweisheit zu nennen, vielmehr beruhen alle darin aufgestellten Grundsätze und gegebenen Winke auf langjähriger Erfahrung, die aufgeführten Berechnungen sind von den anerkannt tüchtigsten Landwirthen der Jetztzeit und sämmtliche Inhaltsgegenstände nach dem gegenwärtigen Standpunkte der Fortschritte der Landwirthschaft ausgearbeitet worden. Nur das Beste, Zweckmäßigste, Erprobte und allgemein Bewährte in diesem Büchlein euch darzubieten, war leitender Grundsatz bei Bearbeitung desselben, das aus Liebe zu euch, ihr kleineren Bauernlandwirthe, entstanden ist, und zu denen der Herausgeber in gewisser Hinsicht auch selbst gehört. Das Schriftchen kann darum getrost ein Jeder von euch in die Hände nehmen, der Belehrung sucht und sich will belehren lassen. Befolgt ihr die gegebenen Winke und Rathschläge, so wird es mit Gottes Hülfe bald besser mit euch gehen, besser um eure gesammte Wirthschaft stehen, besser auf euren

Feldern, euren Scheuern und Ställen aussehen; ihr werdet auch, wie eure Vorfahren, wieder einen Zehr-, Spar- und Nothpfennig haben, und das wünscht euch von ganzem Herzen

der Verfasser.

Inhalt.

Jetziger Standpunkt und geltende Grundsätze der Landwirthschaft.

Ihr habt euch, lieben Landwirthe, einem schönen und würdigen Berufe gewidmet, denn der Betrieb der Landwirthschaft ist eines der ältesten, edelsten und, verständig gehandhabt, der einträglichsten Gewerbe der Menschheit; er bietet die reinsten und anziehensten Freuden in der Natur und veredelt das menschliche Herz in mannichfacher Weise. Alles, was den Menschen stark, gesund und gut macht, ist dem Landwirth zu Theil geworden; ihm stählt die reine Gottesluft die Muskeln des Leibes, und die Liebe des Schöpfers offenbart sich ihm mit jedem neuen Tage in tausenderlei Gestalten. Tagtäglich ist er gezwungen, vertrauungsvoll auf Den hinzublicken, von dem alle guten Gaben kommen, und der alle Arbeit und Mühe mit Segen und Gedeihen krönen kann. Wenn andere Arten nützlicher Thätigkeit veralten — die des Landwirths ist so ewig, wie das Leben der Erde; wenn andere Arbeit den Menschen in die enge Stube einschließt, in die Tiefen der Erde oder zwischen die Holzplanken des Schiffes zwingt — der Landwirth bewegt sich in Gottes schöner, freier Natur; hier hat er seine Werk=

stätte aufgeschlagen, hier ist der Ort seiner Thätigkeit; sein Blick hat nur zwei Grenzen, oben der blaue Himmel, unten der feste Boden. Ihm wird die höchste Freude des Schaffens zu Theil, denn was er von der Natur fordert, das wächst unter der Hand zu eigenem, frohem Leben auf. Dem Städter gewährt wohl auch die grüne Saat des Feldes und die goldene Halmfrucht des Ackers, das Rind auf der Weide und das fröhlich wiehernde Fohlen Freude und Lust, ihm ist wohl auch Waldesgrün und Wiesenduft Erquickung des Herzens: aber kräftiger, stolzer, selbstbewußter und edler ist das Behagen und die Freude des Landwirths, der mit dem Bewußtsein durch Flur und Felder schreitet: das ist mein, mir gehört es, der da fühlt, daß seine Mühe und Arbeit nicht umsonst gewesen ist, daß sie ihm zum Wohlstand verholfen hat.

Soll aber dies durch den Betrieb der Landwirthschaft auch von euch erreicht werden, von euch, die ihr klagt und seufzt; soll namentlich auch euer Wohlstand durch die Landwirthschaft dauernd gegründet und gefördert werden, so wird dies nur dann geschehen können, wenn ihr euer Geschäft und eure Arbeit mit Verstand und Ueberlegung treibt. Derjenige von euch, der heute noch so wirthschaftet wie seine Vorfahren vor 50 oder 100 Jahren, wird's freilich nicht weit bringen. Zwar macht sich der Bauersmann nicht gern von dem Althergebrachten los; aber wie alle Gewerbe, so hat auch die Landwirthschaft in den letzten Jahren bedeutende Fortschritte gemacht, und seit dem Auftreten verdienstvoller Landwirthe, wie eines Thaer,

Schubart, Koppe und Anderer ist der Betrieb der Landwirthschaft ein ganz anderer geworden. Namentlich haben sich durch den Aufschwung der Naturwissenschaften, insonderheit der Agriculturchemie (Scheidekunst), Ansichten und Grundsätze geltend gemacht, die den älteren Grundsätzen der Landwirthschaft schnurstracks entgegen sind. Der jetzige Standpunkt der Landwirthschaft ist ein ganz anderer als der vor 50 oder 100 Jahren. Hierzu haben freilich die anders gewordenen Zeitverhältnisse viel beigetragen; ja, man kann getrost behaupten, daß noch kein Zeitalter von so entschiedenem Einfluß auf die Landwirthschaft gewesen ist, als das gegenwärtige. Die Befreiung des Grund und Bodens von seinen Lasten, der gesteigerte Verkehr, hervorgerufen durch die Eisenbahnen, die alle Länder und Gegenden durchkreuzen, die vermehrte Bevölkerung haben wesentlichen Einfluß auf den Betrieb der Landwirthschaft gehabt. Vor 50 Jahren ernährte dieselbe Quadratmeilenzahl, die unser Vaterland umfaßt, 9 Millionen Menschen, jetzt 17 Millionen, also beinahe noch einmal so viel. Die vermehrte Seelenzahl macht daher jetzt größere Ansprüche an die Landwirthschaft; aber auch der Staat macht größere Ansprüche an den Landwirth und dieser wiederum größere an das Leben als früher; dabei ist der Werth des Geldes gesunken, so daß man für eine Waare, für welche man früher einen Thaler zahlte, jetzt fast das Doppelte geben muß. Daß die jetzigen landwirthschaftlichen Verhältnisse ganz anders sind als früher, geht auch noch besonders daraus hervor, daß der Grund und Boden einen viel höhern Werth hat als vor 50 Jahren, so daß z. B. ein Morgen geringer Sandboden, der früher vielleicht mit 80 und einigen Thalern bezahlt wurde, jetzt noch einmal so viel und mehr kostet.

Wollt ihr euch, ihr kleinen Bauernlandwirthe, jetzt wo Gefahr ist, daß der Mittelstand sowohl in Städten wie auch auf den Dörfern zu Grunde geht, dem größern Gutsbesitzer gegenüber halten, so müßt ihr anders wirthschaften und dürft vor Futterbau, Fruchtwechselwirthschaft, Compost= und Mergeldüngung, Drainage u. dergl. nicht erschrecken; ihr dürft nicht mehr so fest an der ererbten und herkömmlichen Wirthschaftsführung halten, damit euer Bestehen ein gesichertes sei und ihr nicht in die Nothwendigkeit gebracht werdet, auf euer Grundstück borgen oder dasselbe gar theilweise oder ganz veräußern zu müssen, weil sich am Ende euer Knecht besser steht und am Schlusse des Jahres mehr übrig hat als ihr selbst.

Nun aber merkt wohl auf und beherzigt das Folgende ja recht. Als Haupterfordernisse eines gewinnbringenden Betriebes der Landwirthschaft gelten heute: vermehrter Futterbau, damit durch Futter, dem Viehe verabreicht, Dünger erzielt wird; genaue Kenntniß der verschiedenen Düngerarten, insonderheit des Stalldüngers und wie beim Mangel an solchem andere Düngestoffe auf das billigste zu beschaffen und auf das zweckmäßigste zu verwenden sind; Kenntniß über Qualität und Quantität des einer bestimmten landwirthschaftlichen Nutzpflanze zu gebenden Düngers; Kenntniß des Bodens überhaupt, sowie auch der Zusammensetzung seiner

Bestandtheile mit Berücksichtigung seines Untergrundes, um einestheils die Bearbeitung des Bodens richtig zu vollführen und anderntheils jeder anzubauenden Nutzpflanze den ihr zuträglichsten Standort einzuräumen. Beachtet ihr Landwirthe nächst diesen Punkten eure örtlichen Verhältnisse in Bezug auf Klima und Absatz eurer Früchte, wählt ihr nur jene Pflanzen zum Anbau, welche euch die höchsten Reinerträge liefern können und begründet ihr nach diesem Allen eure Fruchtfolge mit Verstand und Einsicht, so wird es nicht fehlen, daß eure Wirthschaften auf einem guten Grunde ruhen. Nach diesen zu nehmenden Rücksichten haben sich denn auch die jetzigen Grundsätze der Landwirthschaft geregelt und festgestellt, sind durch die Erfahrung erprobt und als stichhaltig, sowie als gewinnbringend und den höchsten Reinertrag abwerfend erfunden worden. Darum folgt nun das anerkannt Erprobte und Bewährte über diese einzelnen Gegenstände in der Landwirthschaft.

Vom Futterbau.

Der wahre und richtige Zweck des Betriebes der Landwirthschaft ist, den höchsten Reinertrag nachhaltig von dem Ackerbau zu erhalten. Könnte und dürfte der Landwirth mit dem jedesmaligen höchsten Reinertrage zufriedengestellt sein, so müßte er nur diejenigen Früchte erbauen, welche den höchsten Ertrag nach Abrechnung der darauf verwandten Kosten liefern, und es wäre die Sache damit kurz und leicht abgethan. Allein dieses Verfahren wäre ganz unrichtig. Es würde zwar den Landwirth für den Augenblick bereichern, bald aber in Noth und Armuth gerathen lassen, denn die Früchte, welche den höchsten Geldertrag geben, sind die Getreide- und Oelfrüchte, welche viel und guten Dünger erfordern, aber durch ihr Stroh bei Weitem nicht so viel Dünger liefern, als sie verbrauchen. Der Boden würde daher immer ärmer an Kraft werden und nur schlechte, kärgliche Ernten liefern, bei welchen der Landwirth zurückkäme. Es ist ja aber Zweck, den höchsten Reinertrag nachhaltig von dem Ackerbau zu haben, und dazu gehört, daß der Acker fortwährend mit gutem Dünger und in reichlichem Maße gedüngt werde. Guter und reichlicher Dünger aber wird nur von einem gut und reichlich gefütterten Viehstand gewonnen; gut und reichlich gefüttert kann aber nur da werden, wo gutes und reichliches Futter gebaut wird. Also erst Futter, dann Dünger, dann gute Ernten, dann der höchste Reinertrag nachhaltig. Das heißt mit andern Worten: derjenige Landwirth, der reichliches und gutes Futter baut, kann einen seinen Verhältnissen angemessenen Viehstand halten und diesen gut und reichlich nähren. Gut und reichlich genährtes Vieh gibt guten und reichlichen Dünger; oft und reichlich gedüngter Boden liefert gute Ernten und dadurch den höchsten Reinertrag nachhaltig. So geht Eins immer aus dem Andern hervor, aber der Futterbau ist das erste Glied dieser Kette, und wer von euch diesen verständig zu betreiben versteht, dem ist das ganze Geheimniß eines verständigen, zeitgemäßen und profitablen Betriebes der Landwirthschaft enthüllt. Wer dagegen fehlt, kann nie vorwärts kommen. Dem Futterbau habt ihr darum die größte Sorgfalt und Aufmerksamkeit zu schenken, Kosten und Mühe dürft ihr nicht scheuen, diesen in Schwung zu bringen; denn taugt der Grund Nichts, so stürzt über kurz oder lang das mühsam errichtete Gebäude wieder zusammen, oder es muß fortwährend mit großen Geldkosten ausgebessert werden. Die Grundlage einer verständigen Landwirthschaft ist aber der Futterbau, und darum taugen auch alle Wirthschaftssysteme, die nicht auf Futterbau basirt sind, Nichts, und ihre Mängel können nur durch Geldaufwand beseitigt werden. Hierbei erinnere ich euch an die allbekannte Anekdote, nach welcher einem englischen Landwirthe ein Glas Milch eben so theuer zu stehen kam wie ein Glas Champagner.

Unter Futterbau soll aber in diesem Schriftchen vorzugsweise der Anbau der verschiedenen Kleearten, der Hackfrüchte und dergleichen Futterpflanzen verstanden werden, nicht aber der Futterbau auf natürlichen Wiesen, denn nur wenige Landwirthe sind in der glücklichen Lage, reichliches Futter von natürlichen Wiesen zu ernten und Klee und Esparsette rc. entbehren zu können. Der Anbau dieser Pflanzen leistet euch Landwirthen in eurem Geschäfte bedeutenden Vortheil, insonderheit gewinnt ihr durch denselben in zweifacher Hinsicht an Dünger.

Für's Erste braucht ihr die mit Futterkräutern (Klee, Esparsette) bestandenen Aecker nicht zu düngen und bekommt gleichwohl soviel Futter, als ihr bekommen würdet, wenn ihr auf diesen Aeckern Frucht hättet und dieselbe verfüttertet. Mit dem ersparten Dünger könnt ihr aber eure anderen Ländereien um so reichlicher düngen, die dann durch reichlichern Ertrag z. B. der Halmfrüchte das weit mit übertragen, was auf jenen an Körnerfrüchten bei spärlicher Düngung nur spärlich geerntet worden wäre; sie tragen um so reichlicher und kommen gleichwohl in bessere Cultur. Aber auch der Boden, welcher zum Anbau der Futterkräuter benutzt wird, wird für's Zweite durch diesen selbst an Kraftreichthum vermehrt, denn durch keinen anderen Pflanzenbau kann die Bodenkraft des Ackers mehr erhöht werden, als durch den Anbau der Kleearten und der Esparsette; daß dem so wirklich ist, haben Wissenschaft und Erfahrung sattsam bewiesen, wie es denn auch leicht erklärlich ist. Bedenkt man nämlich, wie viele Blättchen von diesen Pflanzen abfallen und auf dem Boden als Dünger liegen bleiben; erwägt man, wie Klee und Esparsette sich vorzugsweise von solchen Bodenstoffen nähren, die die Halmfrüchte in weniger reichlichem Maße brauchen, welche daher dem Boden verbleiben und gleichsam in ihm aufgespeichert werden, um den später folgenden Halmfrüchten ein um so sichereres Gedeihen zu sichern; bedenkt man, wie diese Pflanzen durch ihre weit verzweigten und tief in den Boden eindringenden Wurzeln denselben auflockern und durch ihre reichliche Beschattung die Ausdünstung des Bodens an pflanzennährenden Stoffen, sowie auch das Aufkommen des Unkrautes verhindern; zieht man endlich noch den Umstand in Erwägung, daß die Futterkräuter vermöge ihres Blattreichthums sehr viele Nahrungsstoffe aus der Luft entnehmen, und daß beim Umreißen der Kleefelder die Wurzeln als Dünger im Boden verbleiben: so leuchtet klar ein, daß die Bodenkraft des Ackers durch den Anbau dieser Pflanzen bedeutend vermehrt wird. Es unterliegt daher keinem Zweifel: der Anbau der Futterkräuter verbessert und kräftigt in doppelter Hinsicht den Boden, was einer vermehrten Düngerproduktion gleichkommt. Durch einen Acker Grünfutter werden zwei Aecker gedüngt, nämlich der Grünfutteracker selbst und zweitens der Acker, welcher den durch das Verfüttern des erbauten Futters entstandenen Dünger bekommt.

Durch den in Schwung gebrachten Futterbau und die

dadurch herbeigeführte größere Viehzucht und Düngerproduktion wird sich auch gar bald herausstellen, daß eine kleinere Feldfläche bei guter Düngung reichlichere Ernten bringt und mehr Gewinn abwirft, als große Feldflächen bei schlechter Düngung. Es kommt ja in der Landwirthschaft auch gar nicht darauf an, wie viel Morgen ihr zu bebauen und abzuernten habt, sondern darauf, was und wieviel ihr von diesen erntet, und wie hoch sich der Reinertrag stellt. Beispielsweise können sechs Morgen bei schlechter Bearbeitung und Düngung weniger einbringen als zwei Morgen bei sorgfältiger Bearbeitung. Darum nur Futter gebaut, ihr Landwirthe, und ihr werdet finden, daß durch die Zunahme der durch den Futterbau herbeigeführten Bodenkraft der Anbau der dann einträglichsten Handelsgewächse, — fast könnte man sagen — sich von selbst ergibt, um das für andere Früchte schädliche Uebermaß der Bodenkraft zu verbrauchen; ja es wird sich herausstellen, daß selbst eine stete Sommerstallfütterung des Rindviehes und die so überaus wichtige Fruchtwechselwirthschaft einzuführen ist. Außerdem hat auch durch den vermehrten Hackfruchtbau die saftige Winterfütterung des Rindviehes noch den Nutzen, daß sie sehr günstig auf die Milchabsonderung eurer Thiere einwirkt und nebenbei die Erzeugung der flüssigen Excremente bedeutend vermehrt, was die Qualität des Düngers insofern erhöht, als jene gerade die dungreichsten sind. Doch dieses ist der Nutzen eines auf Futterbau gegründeten und zweckmäßig und reichlich gefütterten Viehstandes nicht allein. Eine Kuh, gut gefüttert und abgewartet, kann einen ganzen Haushalt erhalten, und ihr Nutzen durch Milch, Butter und Käse läßt sich in vielen Fällen auf 60, 70—80 Thlr. jährlich angeben, wie die Praxis dergleichen Beispiele genug aufzuweisen hat. Aber auch noch dadurch wird der Ertrag gesteigert, daß durch die Abgänge bei der Butter- und Käsebereitung die Fütterung und Aufzucht anderer Nutzthiere, z. B. der Schweine, sehr begünstigt wird. Welche wichtigen Fingerzeige und Winke liegen aber gerade für euch, ihr kleineren Bauernlandwirthe, in diesem Allen, und wie könnt ihr auf diese Weise das Einkommen eurer Wirthschaften so bedeutend vermehren und durch den Futterbau den höchsten Reinertrag nachhaltig erzielen!

Trotz aller dieser Vortheile wird aber der Futterbau noch lange nicht so betrieben, wie er betrieben werden sollte; namentlich seid ihr es, ihr kleinern Bauernlandwirthe, die hiergegen aus Vorurtheil und Unkenntniß fehlen. Möchtet ihr doch in dieser Beziehung dem Beispiele der englischen Landwirthe folgen, welche die großen Vortheile eines vermehrten Futterbaues schon längst erkannt haben. Sie wissen aus Erfahrung, daß ihnen ihr großer ausgedehnter Futterbau und eine darauf gegründete und verständig gehandhabte Viehzucht mehr einbringt und einen größeren und nachhaltigeren Reinertrag gewährt, als alle anderen Gewächse. Aber der englische Landwirth begnügt sich hiermit noch nicht; er vermehrt seinen Futtervorrath noch durch Ankauf von bedeutenden Mengen von Oelkuchen und erhält so nicht allein einen großen, sondern auch einen Vorrath von vorzüglich gutem Dünger. Dieser wird in erster Linie immer wieder dem Futterbau zugewandt, der schließlich das Feld in so ausgezeichneter Beschaffenheit zurückläßt, daß reiche Getreideernten mit Sicherheit darauf erzielt werden.

Aber auch angenommen, der deutsche Landwirth, insonderheit der bäuerliche Landwirth, erkennt die Vortheile eines vermehrten und ausgedehnteren Futterbaues und möchte auch dem englischen Landwirthe nachahmen, so unterbleibt der vermehrte Futterbau einestheils deshalb, weil bei dem ausgedehnten Halmfruchtbau der altherkömmlichen Dreifelderwirthschaft wenig Boden zum Anbau anderer Nutzpflanzen übrig bleibt, und weil dann derselbe noch zu mancherlei andern Zwecken, als zur Gewinnung des Flachses, des Oels und dergleichen benutzt wird. Beispielsweise wird, um Oel für die Wirthschaft zu haben, Sommersaat in die Brache, und zwar als Vorfrucht vor Roggen gesäet. Daher kommt es auch, daß eure Frauen das Oel von einem Morgen Saat ohne Mühe in kleinen Flaschen auf dem Korbe aus der Mühle heimholen. Der ausgedehntere Futterbau unterbleibt aber auch anderntheils deshalb, weil noch gar viele Landwirthe meinen, daß dadurch ein bedeutender Ausfall in der Getreideerzeugung, mithin in der Geldeinnahme Statt finde. In Bezug auf den ersten Punkt kann nur gerathen werden, zur Fruchtwechselwirthschaft überzugehen, und die letztere Ansicht ist eine falsche, die durch folgendes widerlegt wird.

Futterbau und Körnerbau scheinen sich bei nur oberflächlicher Beachtung feindlich gegenüber zu stehen, denn das Futter ist für das Vieh, die Körner sind aber zu Brot und Geld in der Wirthschaft bestimmt. Daher betrachten noch gar viele Landwirthe den Körnerbau als die alleinige Geldquelle und den Futterbau als ein nothwendiges Uebel, weil sie das Vieh nur als Mistmacher ansehen. Solche Ansicht ist aber, wie schon erwähnt, grundfalsch und verträgt sich durchaus nicht mehr mit dem gegenwärtigen Standpunkte der Landwirthschaft, sowie mit den gesammten Zeitverhältnissen. Bei genauer Erwägung ergibt sich, daß Futter und Körner ein paar der einflußreichsten Faktoren im landwirthschaftlichen Betriebe sind, wie dies auch aus dem bisher Dargethanen hervorgeht; daß sie sich gegenseitig zum bedeutenden Theil bedingen, und daß beim Mangel des einen auch der andere um so kostbarer wird. Der denkende Landwirth macht zwar auch einen Unterschied zwischen Körnern und Futter, aber er benutzt beide als Geldquelle, und zwar die Körner zum unmittelbaren Erlös und das Futter zum mittelbaren, nämlich zur Aufzucht und Erhaltung seines Viehes und durch dieses dann zum Gelderlös. Derjenige Landwirth unter euch, der jeden Groschen vom Speicher holen muß, handelt unklug; denn indem er seine Körner verkauft und wenig Futter baut, entzieht er sich die Mittel zur Viehzucht. Der Speicher soll in einer gut geregelten Wirthschaft die Hälfte des Geldbedarfes decken und die Viehzucht die andere Hälfte. Deshalb ist es so sehr nöthig, daß der Landwirth einen seinen Verhältnissen angemessenen Viehstand halte und denselben durch vermehrten Futterbau reichlich und gut füttere. So ist und bleibt der Futterbau das erste Glied in der Kette eines verständigen und gewinnbringenden Betriebes der Landwirthschaft.

Die Hackfrüchte.

Bei vermehrtem Futterbau wird nächst Klee und Esparsette auch den Hackfrüchten eine hervorragende Stellung in der Fruchtfolge eingeräumt, denn sie tragen durch ihre Verfütterung gar sehr zur Vermehrung des Düngers bei und geben einen sehr schätzenswerthen Mist; besonders wird durch sie die Absonderung und Erzeugung des Urins bei den Thieren vermehrt, welcher ein sehr kostbarer Düngerstoff ist. Auch empfiehlt sich der Anbau der Hackfrüchte dadurch, daß man auf einer gleichen Fläche Landes mehr Futtermittel oder Nahrungsstoffe für das Vieh erhält, als von Futterkräutern, und daß erstere dem Vieh ein saftiges und nahrhaftes Futter besonders zu einer Zeit gewähren, wo solches selten wird. Ferner ist es bei der Viehfütterung von überaus großem Vortheil, wenn Hackfrüchte und Futterkräuter in Verbindung gefüttert werden können, denn angestellte praktische Versüche haben dargethan, daß Kühe bei Rübenmasse und trocknen Futterkräutern das größte Milchquantum gaben. Ebenso ist durch die Erfahrung bewiesen, daß der Anbau der Hackfrüchte als Beförderungsmittel der nicht zu entbehrenden, durchaus nöthigen Bodencultur dient und ganz besonders zu einer Vertiefung der Ackerkrume beiträgt. Denn schon bei der Bodenvorbereitung zu diesen Früchten, sowie bei der Bodenbearbeitung während des Wachsthums derselben kann ein tieferes Lockern des Bodens geschehen. Es wird gewiß in den wenigsten Fällen die Unterlage des Culturbodens so culturunfähig, so absolut vegetationstodt sein, daß die geringste Mischung hiervon mit dem Culturboden diesen dauernd verschlechtert. Eine rationelle Hackfruchtcultur hat es also in der Hand, nicht nur die Ackerkrume zu lockern und von Unkräutern zu reinigen, sondern auch zu vertiefen, und der Gewinn hiervon für die Nachfrüchte ist kein unbedeutender. Endlich ist durch die Erfahrung dargethan, daß der Hackfruchtbau, verständig betrieben, einen höhern Ertrag abwirft als der Halmfruchtbau. So weist die Praxis Beispiele nach, daß vom preuß. Morgen 535—640 Ctr. Rübenmasse erbaut wurden, ja ein besonders intelligenter Landwirth in der Altmark erzielte 1859 vom Morgen 1194 Ctr. 23 Pfd., und A. de Gasparin, einer der angesehensten Landwirthe Frankreichs, gewann gegen 1500 Ctr. vom Morgen. Um solche Erträge zu erzielen, beobachtet folgende Methode beim Anbau der Runkel- und Kohlrüben.

Zum Anbau der Hackfrüchte wählt ihr ein noch in alter Bodenkraft stehendes Feldstück, pflügt oder grabt dasselbe vor Winter tief um, düngt es im Herbste stark mit kräftigem Stallmiste und Jauche und bearbeitet es vor dem Bestellen mehrmals mit Pflug, Egge und Walze recht sorgfältig, so daß die Ackerkrume in einen vollkommen reinen, lockeren und klaren Zustand versetzt wird. Der Boden muß bis zur Bestellung so zu sagen wie Gartenland vorbereitet werden. Alle Jauche, die ihr vom

Frühjahr bis zum September gewinnt, kann noch zur Düngung verwandt werden, nur müssen die Rübenpflanzen gleichmäßig damit begossen und die Blätter davon verschont bleiben. Auch nimmt man diese Arbeit am liebsten bei trüber Witterung gegen Abend oder vor einem Regen vor. Das Behacken der jungen Pflanzen muß mit Sorgfalt und Aufmerksamkeit geschehen und kann auf graswüchsigem Boden wiederholt werden. Das Blatten der Runkeln muß durchaus unterbleiben, denn es wirkt schädlich auf den Wurzelertrag ein und schmälert denselben; auch sind ja die Blätter ein wässriges, kraftloses, daher nur geringes Futtermittel, das bei euern Kühen das Laxiren bewirkt, so daß es vom Blatten der Runkeln in Wahrheit heißt, nach dem Pfennig geizen und den Thaler verschwenden.

Beim Anbau der Runkeln hat sich auch erfahrungsmäßig festgestellt, daß eine enge Stellung der Pflanzen viel mehr Ertrag liefert als eine weite; auch wird der Boden bei enger Stellung der Rüben in seinen Mineralbestandtheilen weniger angegriffen, und das Unkraut kann weniger aufkommen. Bei einer Entfernung von 14—18 Zoll ist die größte Erntemasse erzielt worden. Engere Setzweiten geben zwar zuckerreichere Rüben, aber weniger Masse.

Das Wickfutter.

Der verständige Landwirth nimmt bei der Fütterung seines Viehstandes auch besonders darauf Rücksicht, daß dieselbe in den Sommermonaten während der Sommerstallfütterung gleichmäßig mit grünen Futterpflanzen genährt werde und sucht insonderheit die Futterlücke, die sich zwischen dem ersten und zweiten Kleehieb, als Ende Juni und Anfangs Juli, gern einstellt, durch grün abzufütternde Futtergewächse auszufüllen. Zu diesem Zwecke baut er das Wickfutter an, das in einer wohleingerichteten und auf Futterbau beruhenden Wirthschaft nie fehlt und so seine berechtigte Stelle im Futterbau, wie überhaupt in der Fruchtfolge hat. Ja, die Erfahrung hat dargethan, daß nur mit Hülfe des Wickfutters die Sommerstallfütterung des Viehes, besonders des Rindviehes, sich sicher und gleichmäßig durchführen läßt. Aber welche Stelle in der Fruchtfolge diesem Grünfutter einräumen? so dürftest du, lieber Landmann, vielleicht fragen. — Baue das Wickfutter in der Brache und in der Stoppel der Halmfrüchte, ist die Antwort auf deine Frage. Die Fruchtbarkeit oder vermehrte Bodenkraft wird dem Acker nicht dadurch gegeben, daß er ein Jahr lang brache liegt oder ruht, wie die Brachfreunde vorgeben; solche Ansicht ist grundfalsch und findet ihre beste Widerlegung in der fortgesetzten Bearbeitung der Krautländereien und der Gärten. Die Erfahrung hat vielmehr bei gut eingerichteten Wirthschaften gezeigt, daß der Boden bei unausgesetzter Pflanzenerzeugung nicht ermüdet und der Ruhe nicht bedarf, sondern daß derselbe vielmehr an Kraft gewinnt, wenn ihm bei einem gutgewählten Fruchtwechsel durch reichliche Düngung alle Nahrungsstoffe wieder ersetzt werden, welche ihm die Ernte entnommen, weil die im Boden zurückbleibenden Pflanzenstoffe neben der Düngung noch gleichsam einen Reservefonds bilden, der durch die Beschattung wachsender Pflanzen geschützt wird, wogegen der von Pflanzen unbedeckte, sogenannt brachliegende Boden, zumal bei öfterer Bearbeitung mit dem Pfluge, durch die Einwirkung der Luft und der Sonne viel von diesen Nahrungsstoffen verliert, indem sie ungenützt verdunsten. — Es ist ferner erwiesen, und zwar sowohl von rühmlichst bekannten Theoretikern, wie auch von praktischen Landwirthen, daß Wicken, Erbsen u. dergl., grün abgemäht, dem Boden an Bodenkraft Nichts entnehmen; daß vielmehr dieselben den Boden durch ihre Rückstände eher bereichern und so durchaus nicht nachtheilig auf die folgende Halmfrucht einwirken, wenn zumal vor Winter gehörig gedüngt und der Dünger gut untergepflügt worden ist, auch die nachfolgende Halmfrucht mit einem der erwähnten Düngerpulver überdüngt werden kann. Der berühmte Chemiker v. Liebig sagt in Bezug hierauf in seiner organischen Chemie: „Erbsen, Linsen gehören zu den sogenannten Brachfrüchten, die dem Getreide, das nach ihnen erbaut wird, nicht schaden, da sie dem Boden keine Kalien, sondern nur eine sehr kleine Menge phosphorsaurer Salze entziehen." — Der als vorzüglicher Praktiker rühmlichst bekannte Amtsrath Kleemann sagt ferner hierüber in Nr. 3, S. 90 der Zeitschrift des landwirthschaftlichen Centralvereins der Provinz Sachsen, Jahrgang 1854 Folgendes: „Es bewährte sich mir hierbei (bei Wickfutter in der Brache, dem Roggen folgte) die Stöckhardt'sche Ansicht vollkommen: daß jung abgeerntete Pflanzen mehr aus der Luft, als von der Ackerkraft leben, und daß ihre nachhaltigen Wurzeln durch richtig geleitete Fäulniß dem Acker das wiedergeben, was sie ihm zur ersten Pflanzenbildung entnahmen." Dazu bemerkt der Genannte noch Folgendes: „Wenn nach der Grünabfütterung, was wohl schon Ende Juni geschieht, sofort der Acker flach gestürzt und gewalzt wird und so ungefähr zehn Tage gelegen hat, und dann wiederum alle acht Tage geeggt und gewalzt wird bis zur Zeit der Saatfurche oder der Bestellzeit, so erreicht man, wie ich es erfahren habe, eine dem Brachroggen gleiche Ernte."

Aber auch das sogenannte Ruhen entgeht bei solchem Verfahren dem Boden nicht; denn von der Ernte der Grünfütterungsstoffe bis zur Bestellzeit des Winterroggens sind immer noch acht bis zehn Wochen, in welcher Zeit der Boden auch die sogenannte „Gahre" recht wohl erhält. — Wickfutter in der Stoppel der Halmfrüchte gebaut, erfordert wenig Arbeit und Mühe. Die Stoppel wird sofort umgebrochen, sehr stark gesäet, und der Same eingeeggt und gewalzt. Die jungen Pflanzen geben ein vorzügliches Grünfutter für die Herbstfütterung, wenn es bereits keinen grünen Klee mehr gibt.

Das Wickfutter besteht gewöhnlich aus einem Gemisch von 6 Theilen Wicken, 1 Theil Erbsen, 4 Theilen Hafer und 1 Theil Gerste. Einige nehmen auch folgendes Gemisch, als: 1 Theil Wicken, 1 Theil Erbsen, 1 Theil Linsen, 1 Theil Eselsbohnen, 1 Theil Gerste und 3 Theile Hafer.

Futterroggen und Mais.

Nächst dem Wickfutter ist als ein sehr schätzenswerthes Futtermittel der Futterroggen zu empfehlen. Du kannst ihn auf einem Felde anbauen, wo du Runkeln, Kraut, Kohlrüben, ja selbst Kartoffeln und Raps zu ziehen gedenkst, weil er das Feld noch frühzeitig genug räumt. Soll jedoch der Boden unmittelbar darauf nicht wieder angebaut werden, so kann ihm noch eine recht zweckmäßig ausgeführte Brachbearbeitung gegeben werden.

Den Futterroggen säet man früher und stärker als den gewöhnlichen Roggen. Wird er Anfangs August ausgesäet, so läßt sich unter günstigen Umständen selbst noch im Spätherbst ein Schnitt ernten; durchschnittlich wird er aber im Frühjahr zur Zeit des Schossens abgemäht. Werden die in neuerer Zeit bekannt gewordenen Winterwicken mit unter den Futterroggen gesäet, so wird dadurch die Menge und Güte des Ertrags bedeutend erhöht, und diese Mischung bildet dann mit Häcksel vermischt den zweckmäßigsten Uebergang von der Dürrfütterung zur Grünfütterung der Thiere.

Als eine sehr einträgliche Grünfutterpflanze für wärmere Gegenden ist noch der Mais zu erwähnen; ja derselbe ist bei ihm zusagenden Klima und Boden jeder anderen Futterpflanze vorzuziehen, denn nach ihm liefern die Kühe nicht nur viel, sondern auch fettere Milch. Dies ist aber nur dann der Fall, wenn der Mais jung verfüttert und ihm ein kräftiger Standort angewiesen wird. Unter günstigen Umständen liefert ein

Morgen Mais bis 300 Ctr. Grünfutter. Nun, so mache einen Versuch mit dieser Pflanze, vielleicht eignet sie sich für deinen Boden und dein Klima. Probiren geht ja über studiren.

Der Futterbau auf Sandboden.

Ihr Landwirthe, die ihr zum größeren Theile Sandboden zu bewirthschaften habt, sollt und dürft diesen nicht als ein Hinderniß eines vermehrten Futterbaues betrachten und euch von diesem durch jenen zurückhalten lassen; denn es gibt Futterpflanzen, die besonders vorzüglich nur auf Sandboden gedeihen. Solche sind z. B. die Seradella, die Lupine, die Sandluzerne, der Spergel und viele andere. Die ersten beiden können insonderheit ohne allen Dünger auch in dem unfruchtbarsten, sterilsten Boden angebaut werden und liefern erfahrungsmäßig reiche Erträge. Die Sandluzerne eignet sich nach gemachten Erfahrungen besser zu Heu als zu Grünfutter und kann so zu der Winterfütterung ihre Bestimmung finden; Spergel wird als Reserve in Betracht zu ziehen sein. Da aber der Anbau der Seradella, der Lupine, sowie auch des Spergels euch weniger bekannt sein dürfte als der der andern erwähnten Futterpflanzen, so mögen einige kurze Andeutungen hierüber folgen.

Die Seradella ist eine in Spanien und Portugal in den Serra's oder Wüsten wildwachsende Futterpflanze, die in Norddeutschland vor ungefähr zehn Jahren durch Dr. Sturm bekannt wurde. Seit dieser Zeit sind verschiedene Anbauversuche gemacht worden, und die Ernteerträge waren stets zufriedenstellend. Diese Futterpflanze nimmt mit dem magersten und ärmsten Sandboden vorlieb und vermehrt und steigert durch ihren Anbau dessen Cultur und Ertragsfähigkeit. Sie verlangt keinen Dünger, wohl aber unkrautfreies Land, gibt ein gutes und nahrhaftes Grünfutter, liefert sogar an Masse mehr als Klee und kann auch zu Heu gemacht werden, das vom Vieh sehr gern gefressen wird. Dabei ist es zweckmäßig, die Pflanze frühzeitig zu mähen, etwa in der Höhe von einem Fuß, und da sie im Herbste schneller vegetirt, als im Sommer, so ist der zweite Schnitt in der Regel besser als der erste. Ihr Wachsthum dauert bis zum Eintritt des Frostes ununterbrochen fort, denn erst der Frost vernichtet sie. Nach ihr kann sehr gut Halmfrucht ohne Dünger folgen.

Die Bearbeitung des Bodens zur Aufnahme der Seradella erfordert nicht mehr Aufmerksamkeit und Sorgfalt, als der Anbau von Hafer oder Buchweizen. Auch kann sie im Frühjahr unter andere Früchte gesäet werden, wie z. B. unter Roggen, Buchweizen u. dergl., und liefert nach der Ernte dieser Früchte ein vortreffliches Herbstfutter in der Stoppel. Auf den preuß. Morgen rechnet man 12 bis 16 Pfd. Samengut. Bis zum Juli wächst diese Futterpflanze sehr langsam, so daß ihr Anblick wenig Hoffnung gewährt; aber man darf sich nicht täuschen lassen, denn von diesem Zeitpunkte an beginnt ihr rascheres Wachsthum und ihre größere Entwickelung.

Nachstehende Resultate mögen den Nutzen dieser Futterpflanze noch spezieller darthun. Ein gewisser H. M. berichtet in der Landwirthschaftlichen Dorfzeitung Folgendes: „Ich wählte das magerste Stück Sandboden, welches ich besitze, zu dem Versuche; das Resultat ist günstig ausgefallen. Bei allen Landwirthen, die das Stück sahen, erwachte der Wunsch, Samen von dieser Futterpflanze zu erhalten. Dies ist gewiß ihre beste Empfehlung. Einen Theil des Samens vermischte ich mit Buchweizen, einen andern Theil mit Spergel. Der Frost überraschte den zweiten Schnitt. Kühe und Schweine lieben die Seradella ganz besonders, und erstere nehmen an Milchergiebigkeit zu."

S. v. A. sagt in der landwirthschaftlichen Zeitung für Nord- und Mitteldeutschland: „Ich ließ mir 6 Pfd. Samen Seradella kommen und säete sie unter Roggen auf lehmigen Sandboden. Ende September, nachdem der Roggen bereits eingeerntet war, war die Pflanze fußhoch herangewachsen und wurde von meinen Kühen mit bestem Appetit abgeweidet. Das Feld, nicht ganz 1 preuß. Morgen groß, diente 6 Tage lang von Morgens 5—$10^1/_2$ Uhr und Abends von 4—$6^1/_2$ Uhr zur Ernährung von 6 Kühen des schweren holländischen Schlages, wonach sich die darauf befindliche Futtermasse annähernd bemessen läßt. Die Kühe gaben während der Weide auf der Seradella dieselbe Milchmenge wie früher, aus welcher die schönste Butter, wie man sie nur im Mai wünschen kann, verarbeitet wurde."

Die Lupine wächst auf dem schlechtesten, ärmsten Sand- und Kiesboden; selbst da, wo kümmerlich das Borstengras, Mäuseschwänzchen, Haargras, ja kaum das Haidekraut wächst, liefert diese Futterpflanze, wenn der Boden nur tief gelockert ist, noch reiche Ernten. Gedüngt wird zur Lupine nicht, und darin eben liegt der so hohe und wesentliche Vortheil dieser Pflanze; kann man aber mit einer Gypsdüngung ihr zu Hülfe kommen, so ist das Wachsthum der Pflanze ein um so üppigeres, was deshalb wohl zu beachten, wenn diese Pflanze nur als Futterpflanze, namentlich zu Grünfutter, bestimmt ist. Auf den Morgen rechnet man 1 Ctr. Gyps.

Der Acker zur Lupinenbestellung erhält im Herbste eine 6—8 Zoll tiefe Stürzfurche, und es schadet Nichts, wenn roher Untergrund mit heraufgebracht wird. Lassen es im Frühjahr die Umstände zu, so kann man auch wohl eine zweite Furche geben. Sobald der Boden abgetrocknet ist und keine Fröste mehr zu befürchten sind, wird der Acker geeggt, dann besäet und noch einmal geeggt. Zum Grünfutter bringt man die Saat in Perioden von 8 zu 8 Tagen unter und rechnet dabei auf den Morgen 10—12 Metzen. Nur leichtes Bedecken ist der Saat ersprießlich, weshalb auch das Walzen nicht zu empfehlen ist.

Die Lupine wird von allen landwirthschaftlichen Hausthieren gern gefressen, auch kann von ihr Alles benutzt werden. Die grünen, sowie die getrockneten Pflanzen werden besonders gern von Rindvieh und Schafen gefressen; der Kaff und die Pahlen geben gesiebt ein treffliches Brühfutter, und die Körner wegen der darin enthaltenen großen Quantität Stickstoff allem Viehe eine sehr gedeihliche Nahrung, zu welchem Zwecke sie gedörrt und geschroten werden. Daß auch diese Pflanze zur Gründüngung verwandt wird, ist bereits erwähnt.

Wenn nun die Praxis sich so vortheilhaft für die Lupine ausspricht, und jeder Zweifel über den hohen Werth dieser Pflanze auf Erfahrungen beruhenden Thatsachen gegenüber verschwindet, so kann euch in eurem eignen Interesse und zur Hebung eures Wohlstandes nur dringend gerathen werden, mit dem Anbau dieser Futterpflanze auf wüsten Sandstrecken nicht länger zu zögern. Der Erfolg krönt die Mühe.

Der Spergel, auch Knörich, Riesenknörich genannt, ist ebenfalls eine Futterpflanze, die behufs zu vermehrendem Futterbau volle Beachtung verdient und große Vorzüge vor anderen Futterpflanzen hat, indem sie in einem Zeitraume von 7 Wochen mähbar ist und doch dabei eine Höhe von 2—3 Fuß erreicht. Bei richtiger Behandlung liefert diese Pflanze Frühjahr=, Sommer=, Herbst= und Winterfutter, ist billig zu erbauen, z. B. weit billiger als Wickfutter und andere Gemengsaaten, nimmt mit geringem Boden vorlieb, wenn derselbe nur in alter Kraft steht, wächst schnell, liefert ein ausgezeichnetes Heu und kann auch recht gut zur Gründüngung verwandt werden. Ferner eignet sich der Spergel besonders als Deckfrucht für den Klee. Klee in Knörich gesäet, steht frischer und üppiger als unter anderen Früchten.

Der Knörich liebt einen mehr sandigen Boden, gedeiht aber auch sehr gut auf sandigem Lehmboden; auf quelligem, kaltem und sehr bindigem Boden, sowie auf Neuland gedeiht er nicht. Auch auf Feldern der ersten Bodenklassen kann man ihn mit Sicherheit bauen; damit er aber nicht zu frech wachse, säe man ihn hier nur in ausgetragenes Land und mische unter das Saatgut etwas Hafer, wodurch Lager verhütet wird. Auf den preuß. Morgen rechnet man vier berliner Metzen Samen. In trocknen Jahrgängen muß die Saat gleich hinter dem Pfluge folgen. Der Saatacker wird zweimal vor der Saat und einmal nach derselben gut geeggt. Bei trockner Witterung mache man keinen Acker zur Knörichsaat zurecht.

Als Vorfrucht liebt der Knörich besonders die Kartoffel; er selbst dient als Vorfrucht für Kraut, für Oel- und Winterhalmfruchtsaat. Will man den Knörich zur Herbstfütterung in die Getreidestoppel säen, so muß dieses mit Vorsicht geschehen; zu gleichem Zwecke, und zwar sicherer, kann er nach Senf folgen. In ersterem Falle ist es rathsam, daß gleich hinter der Sense der Pflug folgt, damit der Boden in der Stoppel nicht austrocknet, und die Saat so zeitig als möglich erfolgen kann. Ackern, säen und eggen muß wo möglich an einem Tage geschehen. Es ist von nicht zu berechnendem Vortheil, wenn der Boden sofort gestürzt und besäet werden kann; denn einestheils ist es von außerordentlichem Nutzen, wenn der Boden wiederum dicht von grün abzumähenden Pflanzen beschattet werden kann, und anderntheils werden die mit aufgegangenen Unkräuter zugleich mit dem Knörich abgemäht, gelangen mithin nicht zur Reife, und der Boden wird dadurch rein. Säet man diese

Futterpflanze in die Getreidestoppel, so kann man etwas weniger Samen zur Aussaat verwenden, indem die ausgefallenen Getreidekörner dies Weniger reichlich ersetzen.

Diese Nachbenutzung der Halmfruchtstoppel kann auch euch kleineren Landwirthen nicht genug empfohlen werden, indem des Futters nie zu viel wird, und ihr den Boden so viel als möglich zu eurem Vortheil benutzen sollt. Auch hat sich bei dieser Benutzung der Stoppel durchaus kein Rückschlag auf die nachfolgende Frucht herausgestellt, was ihr bei solchem Verfahren vielleicht gleich befürchtet; eine solche Furcht ist unnütz, und die Benutzung solcher einjährigen Futterpflanzen zu Grünfutter oder Heu kann nicht dringend genug angerathen werden, denn einmal geben sie sowohl als Vor- wie als Nachfrucht ein reichliches Futter, und dann werden, wie schon erwähnt, die mit aufwachsenden Samenunkräuter zerstört, und das Feld wird der Halmfrucht unkrautrein überlassen; endlich entkräften sie, wie schon oben ausführlich dargethan, den Boden nicht.

Vom Dünger.

In dem Vorhergehenden ist dargethan worden, daß der Landwirth darauf bedacht sein muß, den höchsten Reinertrag **nachhaltig** aus dem Betriebe der Landwirthschaft zu erzielen, und daß dieses zum größten Theile nur durch sorgfältige **Düngung des Bodens** mit kräftigem Dünger, gewonnen von kräftig und reichlich genährtem Viehe, geschehen kann, damit der Kraftreichthum des Ackers sich nicht nur fortwährend gleichbleibt, sondern sich von Jahr zu Jahr steigert.

Durch eine jede Fruchternte der landwirthschaftlichen Culturpflanzen werden dem Boden mehr und mehr Stoffe entzogen, welche diese zu ihrem Bestehen und Gedeihen nöthig haben. Es leuchtet daher ein, daß der Boden immer ärmer an diesen Stoffen wird und zuletzt ganz erschöpft oder doch zur Ernährung der Pflanzen untauglich werden müßte, wenn ihm nicht neue Nahrungsstoffe zugeführt würden; denn obwohl die Natur fortwährend Pflanzennahrungsstoffe schafft und bildet, so reicht doch dieser natürliche Vorrath nicht aus, den Anforderungen des Landwirths jährlich und reichlich zu genügen. Sehr treffend und wahr sagt in dieser Beziehung ein

Landwirth: „Der Landwirth nimmt aus der Kasse des Bodens Geld in der Gestalt von Ernten, und legt er solches in der Form von Dünger nicht wieder hinein, so muß diese Quelle, ebenso wie eine volle Geldkasse, leer und erschöpft werden.“ Der Landwirth muß daher, will er anders das Wachsthum und Gedeihen der nachfolgenden Kulturpflanzen sichern und fördern, dem Boden solche Stoffe wiedergeben, welche ihm entnommen sind. Fertige Pflanzennahrung kann er den Pflanzen freilich nicht bieten, denn das, was er ihnen gibt, können sie nicht verspeisen, es muß erst für sie zubereitet und zurecht gemacht werden. Für diese Zubereitung sorgt aber die Natur selbst ohne Zuthun des Menschen, und sie geschieht nach ewig unwandelbaren, gültigen Naturgesetzen. Das Wiedergeben solcher Stoffe, welche dem Boden durch die Ernten entnommen sind, geschieht aber durch das Düngen. Hieraus ist ersichtlich, welche große und wichtige Rolle der Dünger in der Landwirthschaft zur Erzielung reicher Ernten spielt und weshalb auch eine zweckmäßige Bereitung und sorgfältige Gewinnung des Düngers nicht genug empfohlen werden kann. So wird die Düngergrube des Landwirths Goldgrube, der er bei Fleiß und Verstand den schönen Stand seiner Felder, die gefüllten Scheuern, die gefüllten Böden, den gefüllten Seckel verdankt und durch deren Hülfe er einen Zehr-, Spar- und Nothpfennig zurücklegen kann.

Unter Dünger versteht nun zwar der Landwirth nach dem gewöhnlichen Sprachgebrauche nur die Stoffe, welche die Auswürfe der Menschen und Thiere, vermischt mit pflanzlichen

Stoffen, bilden und nach ihrer Zersetzung als Pflanzennahrungsstoffe von den Pflanzen aufgenommen werden. Die Wissenschaft und Erfahrung haben aber bewiesen, daß nicht allein diese, sondern noch viele andere Stoffe die den Pflanzen nöthigen Nahrungsmittel enthalten. Es wird z. B. kein Landwirth leugnen, daß Asche, Knochenmehl, Blut u. dergl. Stoffe düngen. Deshalb versteht man im Allgemeinen unter Dünger alle diejenigen Stoffe, welche Pflanzennahrung enthalten und von den Pflanzen aufgenommen werden; ferner alle die Stoffe, welche die Zersetzung der im Boden vorhandenen und aufgelösten thierischen und pflanzlichen, sowie mineralischen Pflanzennahrungsstoffe beschleunigen oder die Säuren im Boden tilgen, überhaupt den Standort der Pflanzen verbessern. Aus diesem Grunde sind Luft, Wärme, Regen, Kälte, Schnee, Asche, Kalk, Pflanzen im grünen Zustande untergepflügt und viele andere Stoffe Düngestoffe. Der Hauptdünger unter allen Düngestoffen ist aber der **Stalldünger**.

Ihr könnt hiergegen wohl einwenden, daß sich auch Dünger, namentlich Kunstdünger, durch Ankauf beschaffen lasse, allein hierzu gehört schon ein bedeutendes Capital, über welches gewöhnlich der kleinere Bauernlandwirth nicht gebieten kann, und die Wirthschaft würde bei starkem Ankauf solchen Düngers entweder gar nicht rentiren oder doch nur einen sehr spärlichen Reinertrag abwerfen, bei dem ein Landwirth nicht bestehen kann. Ja, selbst in dem Falle, daß in einer Wirthschaft durch Vieh nicht genug Dünger erzeugt wird und das Fehlende durch

Ankauf von Guano und anderem künstlichem Düngerstoffe ersetzt werden muß, wird der Reinertrag geschwächt und geschmälert.

Der Stalldünger.

Bei der Düngung des Bodens hat vor Allem der Landwirth den Stalldünger wohl zu beachten. Er enthält alle zur Ernährung der Pflanzen nothwendigen Stoffe in reichlichem Maße, ist mithin den landwirthschaftlichen Culturpflanzen am angemessensten und zuträglichsten, hält dabei unter allen anderen Düngemitteln am längsten in seiner düngenden Kraft an und kommt bei verständiger Wirthschaftsführung dem Landwirth am billigsten zu stehen. Der Stalldünger allein bildet die einzig sichere Grundlage des Ackerbaues, und alle Versuche, ihn bei diesem unentbehrlich zu machen, sind bis jetzt stets mißlungen und werden auch immer und ewig mißlingen. Alle Ackerbausysteme, die von sich rühmen, des Stalldüngers nicht zu bedürfen, sind Schwindeleien und beruhen auf Täuschungen aus Absicht oder Unwissenheit. Sie tauchen plötzlich wie Irrlichter auf, verschwinden ebenso schnell wieder und bringen den, der ihnen folgt, an den Rand des Verderbens, wie dieses die Erfahrung sattsam dargethan hat. Schon im Jahre 1749 veröffentlichte ein gewisser Kretschmar sein Ackerbaueräthsel, ohne Düngung des Bodens die reichsten Ernten zu erzielen; es wurde aber schon nach fünf Jahren verdrängt durch die Erfindung Christian Reichardt's zu Erfurt, bei einmaliger Düngung achtzehn reichliche Ernten zu halten. Gleich darauf stellte der Engländer Tull ein neues Ackerbausystem ohne Dünger auf, ohne stichhaltig zu sein, und so ist es bis zu den jüngst verflossenen Tagen fortgegangen. Erst noch kürzlich machte die Entdeckung eines Franzosen, die ärmsten Sandgegenden in fruchtbare Gefilde ohne Dünger zu verwandeln, in allen Zeitschriften die Runde. Ihr dürft euch aber, lieben Landwirthe, durch dergleichen Geschrei in der Bereitung eures Stalldüngers nicht irre machen lassen, denn meistentheils beruhen solche Geschichtchen und Sächelchen auf Speculation auf eure Geldbeutel, und ihr seid hinterher die Betrogenen.

So sind denn bis jetzt viele Proben gemacht worden, aber alle beweisen, daß kein anderer Düngestoff dem Stalldünger gleichkommt. Er gibt dem Boden nicht allein die entzogenen Nahrungsstoffe wieder zurück, sondern er lockert und lüftet auch denselben, was kein anderer Düngestoff thut und was wohl zu beachten ist. Das kann aber nicht durch einen Theelöffel voll irgend eines anderen Düngepulvers pro Quadratfuß geschehen, und die Praxis bestätigt tausendfach die Wahrheit des Bauernsprüchleins: „Wer den Acker aus der Rocktasche düngt, die Ernte in die Westentasche bringt," und: „Mist der rechte Dünger ist, der da geht über Kunst und List."

Aus diesem Allen geht dann klärlich hervor, welche wichtige Rolle dem Stalldünger im Ackerbau zuertheilt ist, wie er neben guter Bearbeitung des Bodens als das Hauptmittel gilt, reichliche und gesegnete Ernten zu erzielen, und wie es darum des Landwirths größte Sorge sein muß, diesen Dünger in reichlicher Masse und vorzüglicher Güte zn erzeugen. Leider aber findet man eine Betriebsamkeit dieser Art noch nicht überall und in dem Maße unter unseren deutschen Landwirthen, wie dies in andern Ländern, z. B. Belgien, England u. s. w. der Fall ist.

Sehr treffend und wahr sagt daher der rühmlichst bekannte Domainenrath Kleemann in seiner Landwirthschaftslehre: „An Kraft zunehmen soll der Boden, und jemehr er dieses wird, desto bessere Ernten wird er geben. Nicht oft und nicht lebhaft genug kann dem Landwirth empfohlen werden, dahin zu streben, seinen Acker in den höchsten Kraft= und Culturzustand zu versetzen. Dies geschieht aber vorzugsweise durch das Düngen des Ackers mit Stalldünger. Je kraftvoller der Acker ist, oder nach dem angenommenen Kunstausdrucke, je mehr Reichthum der Acker besitzt, desto bessere und sichrere Ernten wird er bringen." — So bestätigen Wissenschaft und Erfahrung, daß Dünger die Seele der Landwirthschaft ist. Das beherzige wohl, mein Freund, und thue danach!

Was hat der Landwirth zu thun, um fortwährend guten, kräftigen Stalldünger und in reichlicher Menge zu erzielen?

Da die überaus große Wichtigkeit des Stalldüngers zur Erzielung reichlicher Ernten nicht bestritten werden kann, so muß eure größte Sorge die sein, fortwährend guten, kräftigen Dünger und in reichlicher Menge zu gewinnen; ihr habt euch täglich die Frage vorzulegen: „Was habe ich zu thun, um fortwährend guten kräftigen Stalldünger und in reichlicher Menge zu haben?“ Diese Fragen sind gleichsam die Brenn- und Angelpunkte, um welche alle anderen Bestrebungen bei der Düngerbereitung sich drehen.

Es ist durch Erfahrung und Wissenschaft bewiesen, und kein vernünftiger Landwirth unter euch wird's leugnen, daß Thiere bei schlechtem und geringem Futter auch schlechten und geringen Mist geben, und daß bei kräftiger, reichlicher Fütterung auch ein kräftiger, guter Dünger und in reichlicher Menge gewonnen wird. Je ärmer an Nahrungskraft die Futterstoffe sind, wie z. B. Stroh allein gefüttert, desto kraftloseren Dünger geben sie; dagegen geben Körner geschroten gutes Heu, und guter Klee auch guten Mist. Aus diesem Grunde darf dem Viehe auch nicht überreif gewordenes und zu altes, hartes Gras oder solcher Klee gegeben werden, weil bei allen unverdaulichen stickstoffarmen Futterstoffen der Dünger zwar groß und reich an Faserstoff, aber arm an Stickstoff wird und weniger kräftig wirkt. Allzugroße Wässerigkeit der Futtermittel muß auch vermieden werden, weil der Dünger danach zu wässerig wird und ebenfalls weniger kräftig wirkt. Es ist durch genaue wissenschaftliche Untersuchungen dargethan, daß, wenn Rindvieh und Pferden grünes Futter verabreicht wird, der Urin davon nur halb so viel feste Stoffe enthält und darin auch nur halb so viel Stickstoff befindlich ist, als Vieh bei trocknem Futter liefert. Das Vieh gibt zwar bei grünem Futter eine größere Düngermasse als bei dürrem, allein der Dünger wird auch nur halb so viel wirken, als der von dürrem Futter gewonnene. Es kommt daher, um guten, kräftigen Dünger zu erzielen, auf die Menge und Güte des Futters an, weshalb denn auch der Mist vom Mastvieh in der Regel der kräftigste und wirksamste ist. So stellt sich denn heraus, daß guter, kräftiger Dünger nur dadurch zu gewinnen ist, daß die Thiere mit kräftigem und reichlichem Futter ernährt werden.

Einen wesentlichen Bestandtheil eines guten, kräftigen Düngers bildet die Einstreu.

Jeder Landwirth weiß, daß zwar verschiedene Stoffe zur Einstreu zu benutzen sind, daß aber das beste Einstreumittel das Stroh ist. Wenn es blos darauf ankäme, die flüssigen Stoffe des Stalldüngers aufzufangen und festzuhalten, so wäre die Erde die beste Streu. Allein dies ist ja nicht der einzige Zweck des Einstreuens; es muß ja auch die Reinlichkeit der Thiere, sowie das weiche und warme Lager derselben und endlich der Umstand berücksichtigt werden, daß der Mist die Fähigkeit bekomme, den Boden zu lockern. Aus diesem Grunde aber verdient das Stroh den Vorzug. Das haben eure Vorfahren sehr wohl gewußt und erkannt, weshalb bei ihnen das Verslein galt:

Moos macht das Land los;
Laub macht es taub;

Holz macht es stolz;
Stroh macht's vor Allem froh.

Darum ist zur Erzielung eines guten, kräftigen Düngers auch ein reichliches Einstreuen von Stroh erforderlich.

Hierbei kann euch nicht unbekannt sein, daß man oft von Landwirthen die Meinung hört, daß Stroh allein nicht dünge, sondern daß dieses nur die Auswürfe der Thiere bewirkten, und daß das Stroh nur deshalb gestreut werde, um die Düngermasse zu vermehren und den Dünger besser behandeln und fortschaffen zu können. Solche Ansicht ist irrig. Auch das reine Stroh düngt. Daß dem so ist, beweist die Erfahrung dadurch, daß, wenn man ein Stück Winterhalmfrucht zur Hälfte kahl abhauen und zur Hälfte mit hohen Stoppeln stehn läßt und es vor Winter umstürzt, die letztere Hälfte sicher bessere Nachfrucht, z. B. Sommerhalmfrucht, trägt als die erste.

In Gebirgsgegenden, wo der Halmfruchtbau nur in sehr geringem Umfange betrieben werden kann, und wo darum auch das Stroh sich rar macht, benutzt man die grünen Spitzen des Nadelholzreisigs, Laub, Moos, Farrnkräuter, Haidekraut und dergleichen Stoffe zur Einstreu; daß aber alle diese Stoffe als Einstreumittel nicht den Werth des Strohes haben, ist begreiflich; namentlich liefern Haidekraut, Heidelbeer- und Preiselbeerkraut einen weniger kräftigen und guten Dünger, weil sie schwer faulen und vielen Gerbstoff enthalten.

Guter, kräftiger Dünger enthält in reichlichem Maße alle

die Stoffe, welche die Pflanzen zu ihrem Gedeihen und Wachsthum bedürfen. Da sich diese Stoffe aber sehr leicht verflüchtigen, dann unbenutzt verloren gehen, und der Mist so an Güte geringer wird, so muß man solches zu verhindern suchen, was am sichersten dadurch geschieht, daß der Mist aus dem Stalle sofort auf den Acker gefahren, schnell gebreitet und sogleich untergepflügt wird. Da dieses Verfahren in den meisten Fällen besonders für den kleineren Landwirth jedoch unausführbar ist, so ist er gezwungen, den Dünger entweder längere Zeit im Stalle unter dem Viehe liegen zu lassen oder auf der Miststätte aufzubewahren. Das erste Verfahren, ursprünglich aus England stammend, taugt aber nichts, obgleich ihm viele und besonders größere und rationelle Landwirthe huldigen, und dasselbe auch vom theoretischen Standpunkte aus zu rechtfertigen ist. In der Praxis aber bewährt sich diese Methode, außer beim Schafvieh, gar schlecht, und das Vieh leidet dabei gar sehr.

Der Dünger gehört also nicht in den Stall, sondern auf die Düngerstätte, und darum hängt die Güte des Stalldüngers gar sehr von der Behandlung ab, welche derselbe auf der Düngerstätte erfährt. Auch auf dieser findet das bereits erwähnte Verflüchtigen der kräftigsten und wirksamsten Düngerstoffe statt, was verhindert werden muß. Zu diesem Zwecke überstreut daher der verständige Landwirth seine Düngerstätte mit Gyps oder Erde oder übergießt sie mit verdünnter Schwefelsäure, weil diese Stoffe das für das Pflanzenwachsthum so werthvolle Ammoniak festhalten und binden. Dadurch werden die natürlichen Eigenschaften des Düngers zugleich wesentlich verbessert und die Kräftigkeit desselben bedeutend erhöht. Das Ueberstreuen des Düngers auf der Düngerstätte kann euch nicht genug und nicht oft genug empfohlen werden, denn euer Dünger wird, wie eben erwähnt, dadurch einestheils besser erhalten und aufbewahrt, und anderntheils liefert gegypster Mist viel reichlichere Ernten, wie das mehrfache Beispiele aus der landwirthschaftlichen Praxis beweisen.

Der Oekonomierath Christiani düngte mit gegypstem Dünger einen Morgen Bruchacker und erntete von diesem 19 Schfl. 15 Mtz. Kartoffeln mehr als von einem anderen Bruchacker von gleicher Bodenbeschaffenheit und bei gleichem, jedoch nicht gegypsten Dünger. Ferner wurden auf einem Morgen Sandboden bei gegypstem Miste 15 Schfl. 13 Mtz. Roggen mehr gewonnen als auf einem anderen Morgen Sandboden bei gleicher, aber ebenfalls nicht gegypster Düngung.

Auch ist der Gyps zugleich ein Mittel, den gewonnenen Dünger seiner Quantität nach zu erhalten. Interessant sind die Versuche, die in dieser Beziehung v. Fellenberg anstellte. Derselbe ließ nämlich im Winter unmittelbar nach dem täglichen Ausbringen des Düngers und sorgfältigem, festem Zusammenschichten und Zusammentreten desselben Gyps aufstreuen, und zwar auf jedes Stück Großvieh ungefähr $1^3/_4$ Pfund. Ein so behandelter Düngerhaufen von 10 Kühen und 6 Pferden befand sich in dem darauf folgenden Frühjahre ganz in demselben Zustande, als wenn er erst aus dem Stalle geschafft worden wäre; nicht die geringste Zersetzung war erfolgt, sowie sich auch kein Schimmel und keine Erhitzung zeigte. Im Mai wurde dann dieser Düngerhaufen 3 Zoll hoch mit Erde bedeckt und so ohne alles weitere Zuthun bis zum September liegen gelassen, wo er dann nur um 2½ Fuß gesunken war, und sein Umfang sich nur um 256 Kubikfuß vermindert hatte, während dieser Düngerhaufen (nach genauer Berechnung) bei anderer, nicht so sorgfältiger Behandlung und nicht gegypst, sich in gleichem Zeitraume um 945 Kubikfuß würde verringert haben. Durch diese Behandlung sind also 689 Kubikfuß Dünger bei einer nur geringen Ausgabe für Gyps erhalten worden.

In manchen Gegenden ist der Gyps jedoch schwer und nur zu hohen Preisen zu haben; in diesem Falle könnt ihr zum Ueberstreuen des Düngers Erde verwenden. Es ist ziemlich gleichgültig, welche Art von Erde ihr nehmt; Erde von Anwänden, Rändern u. dergl. eignet sich ganz vortrefflich zu diesem Zwecke, denn je besser die Erde an sich selbst ist, desto vortheilhafter ist sie zum Ueberstreuen des Düngers zu gebrauchen. Auch das Schimmeln des Mistes wird hierdurch verhindert. Noch könnt ihr zu gleichem Zwecke stark verdünnte Schwefelsäure anwenden; 1 Maß dieses Stoffes kann mit 20 und mehr Maß Wasser verdünnt werden, wobei ihr jedoch vorsichtig zu Werke gehen müßt, denn nie darf Wasser in die Säure gegossen, sondern es muß stets diese in das Wasser geschüttet werden. Wieviel von dieser Mischung über den Dünger zu gießen ist, hängt von verschiedenen Umständen ab; im Allgemeinen gilt als Regel, daß mit dem Uebergießen aufgehört wird, wenn der Dünger nicht mehr riecht.

Ein gleichmäßiger, kräftig wirkender Dünger wird ferner dadurch gewonnen, daß die verschiedenen Düngerarten auf der Düngerstätte gleichmäßig mit einander vermischt werden. Pferde=, Rindvieh=, Schweine= und Mastviehmist darf im Allgemeinen nicht getrennt auf der Düngerstätte gelagert werden, sondern diese Düngerarten müssen vermischt auf dieselbe kommen, denn jeder Landwirth weiß, wie verschieden dieselben an Güte sind. Durch eine gleichmäßige Mischung dieser Mistarten wird auch gleichzeitig eine gleichmäßigere Zersetzung des Düngers bewirkt und dem schnellern Austrocknen der einzelnen Mistarten vorgebeugt. Es können freilich Fälle vorkommen, wo es zweckmäßig ist, jede Sorte Mist allein zu haben, allein dieses Verfahren ist nur in größeren Wirthschaften und bei vorhandenem Raume mit Vortheil anzuwenden; in kleineren Wirthschaften behält das Mischen der verschiedenen Mistarten den Vorzug, sowie es überhaupt überall da angewandt werden muß, wo man einen gleichmäßig kräftigen Dünger erzeugen will.

Auch das Austrocknen des Düngers auf der Düngerstätte muß verhütet werden. Zu diesem Zwecke übergießt man ihn mit der gesammelten Jauche oder läßt das Rindvieh täglich 2—3 Stunden auf der Düngerstätte den

Dünger fest zusammentreten, wodurch gleichzeitig eine gleichmäßige Gährung desselben herbeigeführt wird.

Endlich hängt die Güte und Kräftigkeit des Stalldüngers auch von der Lage und Beschaffenheit der Düngerstätte ab, denn kann auf dieser der Mist von Regenwasser ausgelaugt, von Sonne und Luft ausgetrocknet und von den Hühnern verscharrt und zerstreut werden, so wird derselbe wenig Güte haben. Die Eigenschaften und Erfordernisse einer guten Düngerstätte sind aber in jeder Düngerlehre leicht nachzulesen, weshalb sie in diesem kleinen Schriftchen nicht weiter zu erwähnen sein dürften.

Ein auf diese Weise auf einer guten Düngerstätte sorgfältig behandelter, gemischter, regelmäßig überstreuter oder übergossener Stalldünger wird völlig geruchlos und dunstet weder beim Ausfahren noch beim Liegenlassen; er ist düngerkräftig und an Wirkung weit nachhaltiger als vernachlässigter Dünger.

Es läge nun noch die Beantwortung des zweiten Theils der Frage vor: „Was hat der Landwirth zu thun, um eine reichliche Quantität Dünger zu erzielen?“ eine Frage, die sich auch so fassen ließe: „Was hat der Landwirth zu thun, daß überhaupt Mangel an Dünger bei ihm nicht eintreten soll?“

Für den größeren und bemittelten Gutsbesitzer, der seine eigene Schäferei und seinen Hordenschlag hat, auch Düngestoffe jeder Art für baares Geld kaufen kann, um den Mangel an Stalldünger zu decken, kann diese Frage von weniger Wichtigkeit sein; desgleichen auch für den, der viele und gute Wiesen hat und soviel Futter einerntet, daß er einen in Bezug auf seine Wirthschaftsverhältnisse reichlichen Viehstand halten und auch reichlich ernähren kann. Aber wie steht es bei euch, ihr kleineren Landwirthe, die ihr eure Schafe zur Gemeindeheerde treiben, und wenn ihr Hordendünger haben wollt, ihn theuer kaufen müßt, auch den mangelnden Dünger durch Ankauf künstlicher Düngemittel nicht beschaffen könnt, weil euch das erforderliche Geld fehlt? — Es gibt noch Tausende von Landwirthen, die eigentlich nie einen Vorrath von Dünger haben, wohl aber fortwährend über Düngermangel klagen. Diesen eine kurze und bündige Antwort auf obige Frage zu geben, eine Antwort, die für jedes Wirthschaftsverhältniß paßt, ist sehr schwierig, denn sie hängt von gar zu mancherlei Umständen ab, wie z. B. vom Klima, Boden, Viehstand, Betriebscapital, von der Viehgattung, Abwartung der Thiere, Beschaffenheit des Futters und dergleichen. Wie verschieden sind nicht aber diese Umstände? Gibt es doch in dem kleinsten Dörfchen fast nicht zwei Wirthschaften, die in allen ihren Wirthschaftsverhältnissen ganz gleich sind.

Wollt ihr Dünger haben, so müßt ihr Vieh halten, denn ohne Vieh gibt es keinen Dünger. Wer demnach reichlich Dünger gewinnen will, muß auch einen seinen Wirthschaftsverhältnissen angemessenen, fast möchte ich sagen, reichlichen Viehstand halten. Nun ist es aber besonders das Rind- und Schafvieh, welches der kleinere Landwirth zur Düngererzeugung hält. Das erstere gewährt aber gegen letzteres noch den Vortheil, daß durch dasselbe wegen der größeren Feuchtigkeit der Auswürfe mehr Einstreu zu Mist, also überhaupt eine größere Menge Dünger gemacht werden kann. Für eure kleineren Wirthschaften ist es daher nur von Vortheil, wenn ihr verhältnißmäßig mehr Rindvieh als Schafvieh haltet; ja, es ist nach den neueren Erfahrungen und Grundsätzen der Landwirthschaft dem kleinern Landwirth ganz und gar die Schafhaltung abzurathen, indem der Nutzen der Rindviehhaltung bei verständiger Pflege und Abwartung des Viehes ein viel bedeutenderer ist als der der Schafhaltung, worüber ihr das Nähere bei der Viehzucht nachlesen könnt.

Das Vieh verlangt zu seinem Gedeihen und Bestehen Futter. Dabei beherzigt wohl, daß schlecht und karg gefüttertes Vieh auch schlechten und nur wenigen Mist gibt; ja, die Erfahrung hat bewiesen, daß z. B. zwei Kühe, reichlich und gut gefüttert, mehr Mist geben als drei Kühe bei kärglicher Fütterung. Das wird freilich noch oft nicht erkannt und vielfach dagegen gefehlt; noch trifft man häufig Landwirthe, die mehr Vieh halten, als sie ernähren, d. h. mit gutem und reichlichem Futter versehen können. Diese sind es aber auch, die fortwährend über Düngermangel klagen und die Viehzucht als ein nothwendiges Uebel in der Landwirthschaft ansehen. Reichliche Fütterung der Thiere ist demnach eine von den Bedingungen einer reichlichen Düngergewinnung.

Die Masse des Düngers wird bedeutend durch die Einstreu vermehrt. Die Stoffe, welche hierzu zu verwenden sind, sind bereits erwähnt, wie auch dargethan worden ist, weshalb das Stroh unter allen Streumitteln das beste ist. Aus diesem Grunde sollte in keiner Wirthschaft je Strohmangel eintreten; im Gegentheil Stroh sollte stets in reichlicher Menge vorhanden sein; aus diesem Grunde sollte ferner kein Stroh, wenigstens kein Winterstroh, verfüttert, sondern dasselbe sollte ausschließlich als Einstreu verbraucht, am allerwenigsten sollte aber Stroh verbrannt werden, wie dies häufig noch geschieht und von Schlendrianswirthen gut geheißen wird, was vielleicht bei diesem oder jenem von euch auch noch geschieht. Auf die durch das Stroh hervorgebrachte Erzeugung des Düngers macht es einen sehr großen Unterschied, ob das Stroh verfüttert oder eingestreut wird. Durch genaue Versuche und Berechnungen hat ein sehr verdienstvoller Landwirth, Block, ermittelt, daß durch 100 Pfd. Stroh, welches dem Rindvieh verfüttert wird, 172 Pfd. Mist, und durch 100 Pfd. Stroh, welches dem Rindvieh untergestreut wird, 338 Pfd. Mist entstehen; also mehr als das Doppelte an Mist erhält man von einer gegebenen Masse Stroh, wenn man es streut, als von demselben, wenn es verfüttert wird. Hieraus ist ersichtlich, daß ein reichliches Einstreuen von Stroh eine weitere Bedingung einer reichlichen Düngererzeugung ist. Freilich darf dieses reichliche Einstreuen nicht in ein „übermäßiges“ ausarten, denn sonst würde man weniger kräftigen Dünger erhalten.

Diejenigen von euch, welche Erde als Streumittel anwenden, haben ganz besonders reichlich Erde zu streuen, ja unter das Rindvieh muß so oft trockene Erde kommen, als diese vom Mist und Urin naß geworden ist. In Schafställen ist die Erdeinstreu der Strohstreu vorzuziehen und unter allen Umständen zu empfehlen, indem dadurch der Mist nicht allein an Güte, sondern auch bedeutend an Menge gewinnt.

Eine fernere Bedingung einer reichlichen Düngererzielung ist die verständige Behandlung des Stalldüngers auf der Düngerstätte durch Festtreten, Ueberstreuen und Uebergießen desselben mit den schon erwähnten Stoffen, wie aus dem von Fellenberg eingehaltenen Verfahren zu ersehen ist.

Von der Behandlung des Stalldüngers auf dem Acker.

In den Ländern, wo die Cultur des Bodens auf einer ziemlich hohen Stufe steht, wird der Stalldünger zu jeder Jahreszeit, selbst in den Wintermonaten, auf den Acker gefahren, unmittelbar hinter dem Wagen her gestreut und baldmöglichst in den Boden gebracht. Von diesem Verfahren darf angenommen werden, daß es das natürlichste und vortheilhafteste ist. Freilich wird von vielen Landwirthen dagegen geeifert, indem sie vorgeben, daß der Dünger, wenn er im Winter längere Zeit gestreut liege, ohne untergepflügt zu werden, von seiner düngenden Kraft verliere, von den Raben gefressen oder von Windstürmen fortgeweht und vom Wasser fortgeschwemmt werde. Alle diese Einwände sind jedoch nicht stichhaltig; denn Raben fressen keinen Mist, sie durchsuchen ihn nur der in demselben befindlichen Insekten wegen, und gegen das Fortwehen und Fortschwemmen kann ein verständiger und fleißiger Landwirth leicht Vorbeugungsmittel treffen. Wissenschaft und Praxis haben im Gegentheil dargethan, daß der Dünger, der in den Wintermonaten gestreut liegt, nicht allein Nichts von seinen düngenden Stoffen verliert, sondern im Gegentheil düngende Stoffe aus der Luft an sich zieht, den Boden an solchen Stoffen noch bereichert und ihn in einen höchst günstigen Zustand der Gahre versetzt, namentlich auch schweren und steifen Thonboden lockert und die spätere Bearbeitung desselben wesentlich erleichtert. Das geht aber so zu:

Die vom 21. Dezember an wieder mehr senkrecht fallenden Sonnenstrahlen erwärmen mehr und mehr den Boden, die Lebensthätigkeit desselben erwacht nach und nach, und die Zersetzung der im Boden befindlichen Nahrungsstoffe geht wieder rascher von Statten. Sobald dies aber geschieht, fängt der Boden an auszudünsten, wie das jeder Landwirth mit eigenen Augen wahrnehmen kann. Diese Ausdünstung entführt jedoch dem ersteren sehr viele werthvolle Stoffe, wie z. B. Kohlensäure, Wasser u. dergl., welche die Pflanzen zu ihrem Gedeihen so sehr nöthig brauchen. Da gilt es denn, gegen dieses Verflüchtigen einzuschreiten und dasselbe zu verhindern, was am einfachsten dadurch geschieht, daß der Boden mit Mist bedeckt wird. Der gebreitete Dünger ist nämlich von Jauche durchdrungen, die bekanntlich viel Ammoniak enthält; der aus dem Boden entweichende Wasserdampf, sowie auch die Kohlensäure müssen nun durch den Mist hindurch, der größte Theil jener Stoffe verbindet sich dabei mit letzterem, bleibt an ihm hängen, wird von ihm eingesaugt, und das werthvolle Ammonik verwandelt sich dadurch in Ammoniaksalz, wie dieses die Chemie lehrt. Kleine Regenschauer, ja schon die Nebel- und Thautropfen, welche meist im Februar und März sich einstellen, lösen jenes Salz wieder auf und bringen es, indem sie auf den Boden herabfallen, in die Ackerkrume, welche so diesen werthvollen Düngestoff in Verwahrung nimmt. Auf solche Weise wird täglich eine Menge der im Entweichen begriffenen Düngestoffe vom ausgebreiteten Miste gleichsam mit Zwangspaß wieder in seine Heimath verwiesen, verbleibt dadurch dem Boden und erhöht die Fruchtbarkeit desselben.

Den Dünger so zu behandeln, hat auch den Vortheil, daß das Düngerfahren und Streuen zu einer Zeit vorgenommen werden kann, wo die Gespanne und Menschenkräfte weniger in Anspruch genommen sind.

Das sofortige Streuen des Mistes im Winter kann freilich auch durch Hindernisse, wie starken Frost, bedeutenden Schneefall, abschüssige Lage des Bodens u. dergl. bedeutend erschwert, ja unmöglich gemacht werden, und die Noth zwingt dann den Landwirth, den Dünger in Häufchen auf dem Acker liegen zu lassen, was freilich nicht zu empfehlen ist. In diesem Falle müssen die Haufen stark mit Erde bedeckt werden, um das Verflüchtigen der Düngestoffe zu verhüten. Den Mist aber längere Zeit und besonders im Sommer in Haufen und unbedeckt stehen lassen, ist unverständig und verdient vollen Tadel, weil hierdurch zu viele Düngestoffe ungenutzt verloren gehen und auf dem Acker Geilstellen entstehen.

Ferner ist bei der Verwendung des Stalldüngers auf Folgendes zu achten.

Auf trocknem und losem Boden verwendet man gern den Dünger im sogenannten „speckigen" Zustande und pflügt ihn unmittelbar vor der Saat unter; der lange, strohige und frische Mist paßt dagegen ganz vorzüglich für schwere und kalte Bodenarten, desgleichen auch Pferde- und Schafmist, der bei baldigem Unterpflügen durch seine lockernden Eigenschaften und seine Gährung die Bündigkeit solchen Bodens mindert, ihn lockert und erwärmt. Nasse und kalte Bodenarten düngt man gern im Frühjahr und Sommer, damit der Mist den Boden mehr erwärmt. Sehr verrotteter oder schnell wirkender Dünger muß zu einer Zeit auf den Acker geführt werden, wo er mit dem geringsten Verluste seiner nährenden Stoffe den Pflanzen sofort zu gute kommt und sich verwerthet; denn Dünger, der nicht treibt, ist todtes Kapital, er bringt keine Zinsen. Man biete und gebe dem Boden reichlichen und kräftigen Dünger, aber verlange vom Boden auch viel und nicht erst nach Jahren.

Auf die Wirkung der verschiedenen Düngerarten hat auch besonders die Bodenbeschaffenheit und die Witterung einen bedeutenden Einfluß, so daß dadurch der Dünger auf das Pflanzenwachsthum auch ungünstig einwirken kann, wie solches die letzten dürren Jahrgänge ganz besonders bewiesen haben.

Wie oft und wie stark soll gedüngt werden?

Die Beantwortung dieser Fragen, ihr lieben Landwirthe, hängt von mancherlei Umständen ab; hauptsächlich kommen dabei in Betracht Boden und Klima, die zu erbauenden Culturpflanzen, die Quantität und Qualität des Düngers, welcher jährlich in einer Wirthschaft erzeugt wird.

In Bezug auf den ersten Punkt ist durch Wissenschaft und Erfahrung feststehende Thatsache, daß die verschiedenen Bodenarten einen wesentlichen Einfluß auf die Verwesung des ihnen zugeführten Düngers und auf die Umwandlung desselben in Pflanzennahrung äußern und zwar sowohl hinsichtlich der Kraftäußerung desselben, als auch hinsichtlich der hierzu erforderlichen Zeit. Die dabei dem Acker gegebene Bodenbearbeitung erhöht und verringert diesen Einfluß. Es gibt Bodenarten, welche nach ihrer physischen Beschaffenheit die Zersetzung der Düngestoffe langsam verbringen, es gibt aber auch solche, die diese zu schnell befördern; beides hat der Landwirth bei der Düngung seines Bodens wohl in's Auge zu fassen.

Der Sandboden, und hauptsächlich der grobkörnige, hat vermöge seiner Porosität in hohem Grade die Eigenschaft, den Dünger sehr bald zu zersetzen. Dies hat aber zur Folge, daß ein Theil der neugebildeten Pflanzennahrung unbenutzt entweicht, und daß aus einer gewissen Menge Dünger, dem Sandboden gegeben, eine geringere Menge Pflanzenprodukte entstehen, als wenn diese Düngermenge einem anderen Boden gegeben wird.

Den Gegensatz zum Sandboden bildet der strenge Thonboden. In seinem Extrem kann er gleichfalls wie der Sandboden nachtheilig auf die zweckentsprechende Zersetzung und Umbildung des Düngers einwirken, aber nur in entgegengesetzter Art. Vermöge seiner Gebundenheit und Zähigkeit verhindert er sehr leicht den Hinzutritt der atmosphärischen Luft zu dem der Ackerkrume hinzugeführten oder schon in derselben sich befindenden Düngestoffe, verzögert daher die Umbildung derselben in Pflanzennahrung und läßt zum Theil einige der neugebildeten Stoffe in Folge des zu geringen Zutritts des in der Luft enthaltenen Sauerstoffs in nicht aufnehmbarer Gestalt erscheinen. Daher kommt die Wahrnehmung, daß eine für andere Bodenarten schon hinreichend starke Düngung anf strengem Thonboden von geringer Wirkung ist, daß aber dieser, wenn er mit pflanzennährenden Stoffen hinreichend versehen ist, nicht so schnell wie andere Bodenarten wieder erschöpft wird, indem er seine Fruchtbarkeit nicht gleich an die ersten Ernten allein abgibt, sondern sie auf längere Zeit zurückhält.

Der Lehmboden steht in der Mitte zwischen dem Sand- und strengen Thonboden; er besitzt die guten Eigenschaften beider, ohne an den nachtheiligen Extremen zu leiden. Er gestattet den Einwirkungen der Atmosphäre in dem Maße Zutritt, daß sich die in ihm befindlichen Düngestoffe in angemessener Zeitdauer, d. h. nicht zu schnell und nicht zu langsam, in Pflanzennahrung umbilden können, und hält auch die nicht verbrauchten pflanzennährenden Stoffe zu späterer Pflanzenerzeugung fest.

Was den zweiten Punkt anlangt, so vertragen nach gemachten Erfahrungen eine öftere und stärkere Düngung sehr gut: Tabak, Hanf, Raps, Mais, Mohn, Kraut, Rüben, grünabzufütterndes Wickfutter. Die Getreidearten erfordern eine weniger starke Düngung, weil sie bei zu großem Kraftreichthum des Bodens und bei günstiger, warmfeuchter Witterung sich gern lagern. Zu Kartoffeln soll man nach den Meinungen und Erfahrungen vieler Landwirthe nicht frisch düngen, wenigstens nicht mit Stalldünger, indem dadurch die Anlage zur Kartoffelkrankheit befördert wird. Zu den Sommerhalmfrüchten düngt man entweder gar nicht oder doch schon vor Winter und nicht sehr stark. Der Dreifelderwirth düngt gewöhnlich zur Brache und den Brachfrüchten und führt zu diesem Zwecke den Dünger entweder vor Winter oder im nächsten Frühjahre dem Boden zu. Den meisten Handelssämereien, wie z. B. dem Anis, Coriander, den Kochbohnen u. dgl. ist eine frische Düngung nachtheilig.

Den dritten Punkt endlich betreffend, ist ersichtlich, daß, je kräftiger der Dünger ist, er desto nachhaltiger wirken wird, und daß man bei Düngervorrath und bei Düngerreichthum öfterer düngen kann als bei Düngermangel.

Aus diesem Allen läßt sich denn feststellen, daß leichter, lockerer, sandiger Boden eine öftere, jedoch schwächere Düngung verlangt, daß aber, je schwerer der Boden ist, eine um so stärkere, wenn auch weniger oft zu wiederholende Düngung anzuwenden ist, und gilt dabei das Sprüchwort: „Besser einmal recht, als zweimal schlecht". In rauhem, kaltem Klima verträgt der Boden wiederum eine stärkere Düngung als in warmem, weil namentlich eine öftere und stärkere Düngung wesentlich zur Erwärmung des Bodens beiträgt. Der Dreifelderwirth düngt gewöhnlich alle 3 Jahre, und der Fruchtwechselwirth alle 3, 4 und 5 Jahre einmal. Es kommen jedoch auch Wirthschaften vor, in denen erst alle 6, 8, 9 und 10 Jahre einmal gedüngt wird; hinwiederum düngt man in manchen Gegenden und Wirthschaften alle 2 Jahre einmal, wie z. B. in Belgien, im Elsaß, in der Pfalz, je nachdem die Fruchtart es erfordert und der Düngervorrath es gestattet. Ferner darf man die Düngungstermine niemals weiter hinaussetzen, als die Produktionskraft des Bodens auszureichen vermag; denn jede zu starke Aussaugung desselben ist schädlich, weil sie sogar durch vermehrte Düngung nicht sobald wieder zu vergüten ist. Ein seit Jahren dauerhaft erhaltener Kraftreichthum hat einen so hohen Werth, daß er nicht genug geschätzt werden kann. Verloren gegangene alte Bodenkraft ist nicht sogleich wieder zu ersetzen, wie man wohl gewöhnlich annimmt; am allerwenigsten ist dies auf Ein Mal durch eine große Masse von Dünger dem Boden gegeben, zu erzielen. Die landwirthschaftliche Praxis hat Beispiele aufzuweisen, wo ein von Natur gar nicht schlechter, aber durch schlechte Bewirthschaftung ganz erschöpfter Lehmboden zehn und mehr Jahre hindurch mit der größten Sorgfalt behandelt wurde, ehe er nur einigermaßen wieder in den Zustand der Ergiebigkeit kam.

Was nun endlich die verschiedenen Grade einer Düngung mit der Bezeichnung: „schwach“ oder „stark“ u. dgl. betrifft, sokann durch diese Bezeichnung keineswegs der Grad derselben genau angegeben werden; denn was in manchen Gegenden als eine schwache Düngung gilt, kann in anderen schon eine starke genannt werden, was, wie dargethan worden, in der Bodenbeschaffenheit, im Klima, dem gebräuchlichen Wirthschaftssysteme einer Oertlichkeit u. dgl. Umständen seinen Grund hat. Im Allgemeinen nennt man

1. die Düngung eines preußischen Morgens oder 180 zwölffüßiger □Ruthen Landes mit 4 zweispännigen Fudern Stallmist, von denen jedes zu 20 Ctr. berechnet werden kann, eine halbe Düngung;

2. die Düngung desselben Bodenraumes mit 6 dergleichen Fudern eine schwache Düngung;

3. die Düngung gleichen Flächeninhalts mit 8 solcher Fuder eine gute, und

4. die Düngung gleichen Flächenraums mit 10 solcher Fuder eine starke Düngung.

Die Jauche.

Der Landwirth soll und muß dahin streben, stets einen reichlichen Vorrath von Dünger zu haben, um den Boden n reichem Maße mit gutem, kräftigem Dünger düngen zu können. Um nun diesen Vorrath zu haben und stets reichlich düngen zu können, sind alle die Stoffe, die sich in der Wirthschaft, fast möchte man sagen, von selbst zum Düngen darbieten, sorgfältig zu benutzen und zu verwenden. Unter diese Stoffe gehört vorzugsweise die Jauche.

Die Jauche ist einer der kostbarsten Düngestoffe; sie ist die Quintessenz des Stalldüngers, weil durch den thierischen Harn einestheils eine Auslaugung der festen Excremente stattfindet, anderntheils derselbe in gar reichem Maße alle die Stoffe enthält, welche die Pflanzen zu ihrem Gedeihen vorzugsweise beanspruchen. Darum hat auch die Jauche einen so überaus hohen Werth in der Düngung des Bodens, und Dr. Stöckhardt sagt in seinem chemischen Ackersmann darüber Folgendes: „Ein Landwirth, der den Urin und Harn seines Haus- und Viehstandes nicht sorgfältig sammelt, handelt wie ein Bergmann, der reiches Silbererz wegwirft, weil es nicht glänzt wie blankes Silber. Ein Landwirth, der Guano, Knochenmehl und andere käufliche Düngemittel kauft, seine Jauche aber nicht sorgfältig zu Rathe hält, ist ein verschwenderischer Landwirth; denn er holt für schweres Geld dieselbe Sache in seinen Hof hinein, die er umsonst haben könnte, wenn er die Jauche nicht nutzlos aus dem Hofe abfließen ließe.“ Auch weist dieser verdienstvolle Chemiker den Werth der Jauche durch folgende Berechnung nach. Er sagt: „Nimmt man aus untersuchten Urinsorten von Mastochsen den mittleren Durchschnitt als Maßstab, so erhält man daraus nach Entfernung des Wassers eine feste Masse mit reichlich 16% Stickstoff, etwa 16% Alkalien, welche nach den derzeitigen Preisen, die der Landwirth in gutem Guano bezahlt, pro Centner auf $5^1/_2$ Thlr. zu veranschlagen ist. Die tägliche Urinmenge, welche ein Stück Großvieh liefert, nur zu 22 Pfd. (jährlich 8000 Pfd.) angenommen, so würde sich hieraus ein Quantum von reichlich 5 Centnern solch' trockner Masse ergeben, welche mit dem Urin eines einzigen Stückes Rindvieh in einem Jahre ausgeschieden wird. Nach Guano geschätzt repräsentirt dieselbe aber einen Werth von $27^1/_8$ Thaler."

Vor wenigen Jahren noch bezahlten die flandrischen Landwirthe die jährliche Urinmenge einer Kuh mit 14 Thlr.; rechnet man dieselbe auch nur zu 12 Thlr., so hat der Urin von 4, 5 Kühen einen Kapitalwerth von 50—60 Thlr., was wohl zu beachten ist. Ein erfahrener, praktischer Landwirth hat einmal geäußert, daß die gesammelte Jauche eines Jahres ebensoviel Werth habe, als die Steuer auf die ganze Wirthschaft betrage; daß es also jeder Landwirth in seiner Gewalt habe, steuerfrei zu sein oder doppelte Steuern zu entrichten, je nachdem er seine Jauche sammle oder zum Thor hinausfließen lasse.

Hieraus erwächst für jeden Landwirth die hohe Pflicht, die Jauche sorgfältig zu sammeln, auch, wenn möglich, sie zu billigen Preisen von denen zu kaufen, die sie ungenutzt fortfließen lassen. Noch gar viele unter euch kleineren bäuerlichen Landwirthen gibt es, die diesen kostbaren Düngestoff nicht zu schätzen wissen und mit ihm lieber die Dorfstraße düngen lassen, als magere Aecker damit zu kräftigen. Ein verständiger Land=

wirth benutzt jeden Tropfen Jauche und läßt ihn nicht verloren gehen. Zu diesem Zwecke legt er sich in der Nähe der Viehställe einen Jauchebehälter an, welcher mit gebrannten Steinen ausgemauert, durch eine festgestampfte Thonwand zwischen diesen Steinen und der Erde wasserdicht gemacht und mit einem hölzernen Deckel versehen sein muß. Für kleinere Wirthschaften kann auch ein dem Zwecke an Größe entsprechendes eichenes Faß mit eisernen Reifen in die Erde gebracht und die Jauche aus den Viehställen in dasselbe geleitet werden.

Vielfältig wird auch noch in der Aufbewahrung dieses werthvollen Düngestoffes gefehlt. Die Jauche erlangt nämlich bei längerem Stehen, namentlich im Sommer sehr schnell, einen unangenehmen stinkenden Geruch und eine laugenartige Beschaffenheit: sie geht in Fäulniß über. Diese Fäulniß betrifft insonderheit den wichtigsten Bestandtheil der Jauche, nämlich den Stickstoff. Derselbe wird durch die Fäulniß dermaßen umgewandelt, daß er zu einem flüchtigen Körper, dem Ammoniak, wird und als solcher verdunstet und ungenutzt entweicht. Dieses Verflüchtigen des gerade wirksamsten Stoffes der Jauche muß ebenso verhindert werden, wie das Verflüchtigen desselben Stoffes aus dem Miste; auch sind zu diesem Zwecke dieselben Mittel anzuwenden. Man versetzt nämlich die Jauche von Zeit zu Zeit entweder mit Gyps oder mit verdünnter Schwefelsäure oder aufgelöstem Eisenvitriol. Auf 1 Eimer Jauche rechnet man etwa 1/2 Pfd. Schwefelsäure und auf 5--8 Eimer 1 Pfd. Eisenvitriol. Ersteres wird mit Wasser verdünnt, wie schon erwähnt ist, letzterer in heißem Wasser aufgelöst. 1 Pfd. Wasser löst 1 Pfd. Eisenvitriol binnen 10—15 Minuten vollkommen auf.

Die Jauche könnt ihr zu verschiedenen Zwecken benutzen. Ihr könnt sie zur Düngung der Wiesen, der Hackfrüchte, der Futterkräuteräcker und Getreidefelder, der Flachs-, Taback- und Maisäcker anwenden, und es wird sich stets ein höchst günstiger Erfolg von solch' einer Düngung herausstellen. Die Praxis hat Beispiele aufzuweisen, daß Brachäcker, mit Jauche gedüngt, die reichsten Raps-, Weizen- und Roggenernten gaben. Die gleichmäßige Vertheilung der Jauche auf dem Acker wird dabei dadurch erzielt, daß man sie während des Fortrückens des Wagens durch ein siebartiges Gefäß ausfließen läßt. Sie kann aber auch zum Uebergießen des Düngers auf der Düngerstätte benutzt werden, und derselbe wird dadurch an Güte zunehmen, wie dies auch schon erwähnt worden ist. Endlich könnt ihr auch die Jauche sehr vortheilhaft zum Begießen eurer Composthaufen verwenden, weil dadurch der Compost viel kräftiger und wirksamer wird.

Die Asche.

Ein anderer, in der Wirthschaft wohl zu beachtender und sorgfältig zu sammelnder Düngestoff ist die Asche, denn sie hat als Düngemittel einen hohen Werth, indem die Wissenschaft durch sorgfältige Versuche nachgewiesen hat, daß jede Pflanze zu ihrem Gedeihen die Stoffe braucht, aus denen die Asche zusammengesetzt ist. Es ist darum nicht genug, daß alle Asche in der Wirthschaft sorgfältig gesammelt wird; nein, der verständige Landwirth wird auch noch Asche kaufen, zumal sie in manchen Gegenden in großen Mengen und, im Verhältniß zu ihrem Werthe, zu billigen Preisen zu haben ist.

Die verschiedenen Aschenarten haben verschiedenen Düngerwerth. Die beste Asche ist die Strohasche; demnächst kommen die Holzaschenarten, und unter diesen hat wiederum die Buchenholzasche den Vorzug. Torf-, Steinkohlen- und Braunkohlenasche haben nur geringen Werth; ja, letztere hat sich, roh angewandt, in vielen Fällen als nachtheilig erwiesen. Man kann aber diese Aschenarten bedeutend verbessern, wenn man sie mit Jauche sättigt, oder wenn 1 berliner Scheffel solcher Asche mit 4 Pfd. Schwefelsäure durchmengt wird. Noch besser ist es aber, wenn alle Aschenarten zu gleichen Theilen mit Gyps vermischt werden, indem erfahrungsmäßig die Düngekraft von solcher mit Gyps gemischten Asche bedeutend erhöht wird.

Am vortheilhaftesten verwendet man die Asche zum Düngen der Wiesen, der Kleefelder und zum Ueberstreuen der Weizenfelder im Frühjahre. Auf den Morgen rechnet man 3—4 berliner Scheffel zum Ueberdüngen, 9—10 Scheffel dagegen, wenn sie dem Boden durch Eggen einverleibt wird. Von geringeren Aschenarten nimmt man etwas mehr.

Die ausgelaugte Asche oder der Aescherich wird noch

häufiger als Düngestoff benutzt und wirkt ebenfalls, besonders aber auf schweren und feuchten Bodenarten, ganz vorzüglich. Landwirthe, die in der Nähe von Städten wohnen, in welchen viel Seife gemacht wird, können nichts Besseres thun, als solchen Aescherich kaufen, um ihn als Dünger zu verwenden. Die Verwendung des Aescherich ist wie die der Asche, nur daß auf den Morgen fast noch einmal soviel zu nehmen ist.

Ein recht kräftiges Düngersurrogat gibt auch Asche und Knochenmehl, mit Jauche reichlich gesättigt; statt des Knochenmehls ist auch Gyps zu gebrauchen. Dieses Düngepulver leistet zum Ueberstreuen schwächlicher Wintersaaten, der Futterkräuter, der Wiesen, sowie überhaupt als Ueberdüngungsmittel gute Dienste.

Der Compost oder Mengedünger.

Der fleißige und verständige Landwirth benutzt zur Erzielung eines reichlichen und kräftig wirkenden Düngervorrathes sorgsam alle Stoffe, die sich ihm in seiner Wirthschaft darbieten und düngende Kräfte besitzen, zur Erzeugung des sogenannten Compostes oder Mengedüngers, welcher bei richtiger Behandlung ein sehr kräftig wirkender Dünger ist und für den ganzen Wirthschaftsbetrieb großen Werth hat. Die Composthaufen sind für euch Landwirthe gleichsam die Düngersparkassen, in welche ihr alle Düngerstoffe werft und zu einem Capitale sammelt, das seiner Zeit reichliche Zinsen trägt. Gerade an diesem sorgfältigen Sammeln und zweckmäßigen Benutzen aller, auch der geringsten Düngestoffe erkennt man den fleißigen und verständigen Landwirth. Solche Stoffe sind aber: alle Abgänge und Abfälle aus den Scheunen, welche nicht zu verfüttern sind, Abgänge und Rückstände aus Holzschuppen, Holzerde, Sägespäne, Kehricht aus Ställen und Wohnungen, Hofschlamm, Schlamm aus Wassergräben, Geflügeldünger, Abtrittdünger, Kartoffelkraut und Ueberbleibsel von Gemüsepflanzen, Unkraut, welche Stoffe klein gehackt werden müssen, die Abgänge beim Brechen des Flachses und Hanfes, Haare, Federn, Borsten, das Fleisch und die Eingeweide gefallener Thiere, die Abgänge geschlachteter Thiere, abgestandene Fische, Blut, Erde, Rasenstücke, Seifenwasser und dergleichen Stoffe mehr. Insonderheit ist der Straßenkoth ein hierzu sehr brauchbar zu verwendender Stoff, denn derselbe ist vermischt mit Hofmist, der beim Mistfahren auf der Straße verloren wird, mit Stroh und Excrementen der die Straße passirenden Thiere, auch wohl mit Jauche. Ein fleißiger Landwirth sammelt und schaufelt diesen Straßenschlamm vor seinem Hause zusammen und verwendet ihn bei der Bereitung des Mengedüngers. Auf diese Weise geht kein einziger Düngestoff dem Wirthschaftsbetriebe verloren, ja selbst der früher unbeachtete und gering geschätzte wird erhalten, und durch die fortgesetzte Bereitung und Vermehrung eines reichlichen und kräftigen Düngervorrathes der kraftvolle Zustand der Felder und hierdurch der Wohlstand der ganzen Wirthschaft erhalten und mehr und mehr gefördert, ohne daß der Landwirth nöthig hat, Geld für Dünger auszugeben.

Bei der Verwendung aller der genannten Stoffe geht man folgendermaßen zu Werke.

Man sucht auf seinem Hofe einen zur Bereitung des Mengedüngers geeigneten Platz, welcher der Ab- und Zufuhr leicht zugänglich ist. Dieser wird geebnet, mit Gräben umzogen, damit Regenwasser nicht hinzudringen kann, die Sohle mit Lehm oder Letten festgestampft, damit sich eine wasserdichte Unterlage bildet und die flüssigen Düngestoffe nicht versickern können. Wird diese noch gepflastert, so ist es um so vortheilhafter. Dieser Platz muß in seiner Größe und seinem Umfange im Verhältniß zum größeren oder kleineren Wirthschaftsbetriebe stehen, jedoch so geräumig sein, daß er wenigstens zu zweijähriger Aufstellung der Composthaufen den nöthigen Platz gewährt. Zu unterst bringt man eine Schicht Erde oder Rasen, auf welche eine Schicht Hofdünger oder Abtrittdünger kommt. So werden auch die übrigen vorhandenen Stoffe aufgeschichtet, wobei jedoch darauf Rücksicht zu nehmen ist, daß die leicht löslichen Stoffe mit den weniger löslichen gut vermischt werden.

Um alle Düngestoffe gut unter einander zu mengen, muß der Composthaufen mehrmals umgestochen werden. Im Sommer kann dieses Umstechen 2—3 Mal vorgenommen werden. Nach jedem Umstechen wird der Haufen mit Jauche, Urin, überhaupt mit flüssigen Düngestoffen begossen. Dieses Begießen nimmt man aber außerdem noch öfter vor, denn dadurch wird die Gährung des Mengedüngers und die Zersetzung der einzelnen Stoffe befördert und die Kräftigung und Wirksamkeit desselben erhöht. Nur darf das Begießen nicht so weit getrieben werden, daß der Haufen schlammig wird. Ist derselbe aber heiß geworden, was sich durch seinen Geruch verräth, so muß derselbe sofort umgestochen werden, damit sich das Ammoniak nicht verflüchtige. Um ferner die Keimkraft des Unkrautsamens, welcher mit dem Hofdünger, den Scheunenabfällen u. dgl. Stoffen dem Compost beigemischt wird, zu tödten und die schwerlöslichen Stoffe sich lösen und zersetzen zu lassen, ist es nöthig, daß der Compost längere Zeit vor seiner Verwendung liegen bleibt. Je mehr endlich verwesliche Stoffe den unverweslichen, z. B. der Erde, beigemischt werden, desto vorzüglicher, kräftiger und wirksamer wird der Compost.

Am vortheilhaftesten verwendet man diesen Dünger zum Ueberdüngen schwächlicher Wintersaaten, bei denen er oft erstaunenswerthe Resultate liefert, und zur Lochdüngung der Hackfrüchte. Ihn tief mit dem Pfluge unterzubringen, ist nicht räthlich; viel besser ist es, ihn durch Eggen nur oberflächlich dem Boden einzuverleiben.

Als eine sehr nützliche Beschäftigung für arme Kinder und arme alte Leute ist in diesen dem Rinddas Auflesen der thierischen Auswürfe, z. B. von dem Rindvieh, von den Pferden und Schafen, auf den Straßen zu empfehlen. Mit diesem thierischen Koth könnte zugleich der Abraum und Straßenstaub zusammengebracht und zu Composthaufen aufgesetzt werden, deren Verkauf an Landwirthe gewiß sehr leicht sein wird. In dieser Beziehung verdient namentlich **Belgien** zur Nachahmung aufgestellt zu werden, wo man alle thierischen Abfälle emsig auflieſt und sammelt, wovon die Folge sich aber auch alljährlich in den reichlichen Ernten der Felder dieses Landes zeigt.

Der Mergel.

Eine Hauptrolle in der Düngung, sowie überhaupt in der Verbesserung des Bodens, nimmt unter den mineralischen Düngestoffen der **Mergel** ein. Durch guten Mergel kann die Grundmischung der Ackerkrume wesentlich verbessert werden, indem dieselbe durch Beimischung des Mergels gleichsam erneut und verjüngt und zu reichlichen Ernten fähig gemacht wird.

Ueber den hohen Werth des Mergels sagt Dr. Frank Folgendes: „Ich bin überzeugt, daß nur durch Mergel- und Compostdüngung die in unseren Tagen so allgemein gewünschte Hebung der Landwirthschaft erlangt werden kann, und daß insonderheit dem Kerne der Landwirthe — dem Bauer — nur durch Mergel- und Compostdüngung auf die Beine geholfen werden kann, so daß er sich den weiteren Fortschritten der rationellen Landwirthschaft geneigt zeigt und sich dieselben aneignet."

Da aber vielleicht der Zehnte von euch kleineren Bauernlandwirthen den Mergel nicht einmal dem Namen nach kennt und wohl auch in seinem Leben das Wort Mergel vielleicht noch gar nicht gehört hat, so muß man euch schon sagen, was Mergel ist und wo er sich vorfindet. Mergel ist ein Gemisch von Kalk, Thon und Kies. Diese Bestandtheile können jedoch einzeln in verschiedener Menge im Mergel vorkommen. Sind Kalk und Thon in gleichen Theilen in dieser Mischung vorhanden, so wird dieselbe schlechtweg Mergel genannt; ist dagegen der Kalk vorherrschend, so heißt sie Kalkmergel; ist dies hingegen mit dem Thon oder dem Sande der Fall, so spricht man von Thon- und Sandmergel. Boden, auf dem die wilde Brombeere, der Hopfenklee, die kleine Felddistel, der Huflattig wächst, ist gewöhnlich mergelhaltig; auch läßt sich der Mergel noch daran erkennen, daß er mit starkem Essig oder Salzsäure heftig aufbraust.

Bei der Verwendung des Mergels beobachte man Folgendes:

Für trockenen Sand-, losen Moor- und Bruchboden ist der Thonmergel der beste; den strengen Thonboden vermischt man dagegen gern mit Sandmergel; für den kalten und unfruchtbaren Lehmboden, sowie für alle eisenhaltigen Bodenarten und für Neubrüche ist wiederum der Kalkmergel am vorzüglichsten. Auch ist von diesem an Quantität weniger zu nehmen und reichen 2 zweispännige Fuder pro Morgen vollkommen aus. Von weniger kalkhaltigem Mergel kann man jedoch eine größere Quantität verwenden; bestimmte Regeln lassen sich darüber nicht geben. Das geeignetste Mittel, um die anzuwendende

Mergelmenge für jeden speciellen Fall ausfindig zu machen, bleibt für den praktischen Landwirth nur eigene Erfahrung, wobei er besonders auf den Kalkgehalt des anzuwendenden Mergels Rücksicht zu nehmen hat.

Das Mergeln darf nur zu Brache und ausnahmsweise zu behackten Brachfrüchten geschehen, und zwar geschieht die Auffuhr am besten im Winter auf zeitig im Herbste umgepflügte, klar geeggte, trockene Bodenarten. Leidet der Boden an Nässe, so ist die Wirkung des Mergels unbedeutend, oft gar nicht sichtbar. Auch muß der gemergelte Boden bei trockener Witterung scharf und tief geeggt werden, damit sich der Mergel mit der Ackerkrume recht sorgfältig vermische. Von Vortheil ist es, den Mergel nach dem Auffahren sofort zu breiten und den Witterungseinflüssen so viel wie möglich auszusetzen, wodurch die Löslichkeit desselben beschleunigt wird.

Wie lange der Mergel im Boden wirkt, ist nicht genau zu bestimmen und hängt von verschiedenen Umständen ab, als da sind: Menge und Güte des Mergels, Beschaffenheit des Bodens, der Kraftzustand desselben, die Jahreswitterung u. dgl. m. Auf kräftigen gutgemergelten Feldern wird im Allgemeinen für mehrere Jahre (10—15 Jahre) eine zweite Mergeldüngung überflüssig, nicht aber eine Mistdüngung. Mergeln, ohne mit Mist zu düngen, macht, wie das Sprüchwort sagt, reiche Väter, aber arme Kinder. Uebrigens bietet zum Mergeln nicht außerordentliche Kräfte auf, benutzet hierzu vielmehr die Zeit geringer Beschäftigung für Gespann und Leute.

Erfahrungsmäßig gedeihen nach einer Mergeldüngung sehr gut: Weizen, Gerste, Hafer, Erbsen, Rüben, Kartoffeln, Klee. Mergelt man moosige Wiesen, so wird dadurch das Moos vertilgt, und es zeigen sich gute Wiesengräser und Kleearten. Bei dem Weinbau ist übrigens das Mergeln schon lange im Gebrauch und leistet treffliche Dienste.

Der Kalk und Gyps.

Noch verdienen zwei Düngestoffe der Erwähnung, welche auch der kleinste Landwirth fleißig benutzen und anwenden sollte, zumal ihr Preis meist ein mäßiger, aber ihre Wirkungen oft außerordentlich sind, wie dies die Praxis an vielen Tausenden von Beispielen alljährlich nachweist. Der eine dieser Düngestoffe ist der Kalk. Derselbe äußert nach den Beobachtungen der neuern Agricultur-Chemie auf das Wachsthum und die Ernährung der Pflanzen eine dreifach verschiedene Wirkung. Einmal wirkt er auf die Veränderung und Zersetzung mancher wichtigen mineralischen Bestandtheile, ferner hat er einen eben so wichtigen Einfluß auf die Zersetzung der im Boden befindlichen organischen oder verweslichen Beimischungen, sowie auf Neutralisirung der freien schädlichen Säuren, und endlich muß er auch als Ernährer der Pflanzen in Betracht gezogen werden, da man fast in allen Pflanzenaschen Kalk vorfindet. Man darf aber dessenungeachtet nicht glauben, daß eine Düngung mit Kalk den Pflanzen alle die Nahrungsstoffe darbietet, die sie zu ihrem Gedeihen gebrauchen. Der Kalk ist ja nur ein Theil dieser Nahrungsstoffe, und wenn die übrigen Theile derselben fehlen, so kann die Pflanze nicht gedeihen. Ueberhaupt darf der Landwirth nie annehmen, daß ein einzelner Stoff ein vollständiges Düngungs- und Verbesserungsmittel für den Boden abgeben kann; vielmehr müssen alle Bedingungen und Stoffe, unter denen Gewächse gedeihen können, im Boden vereinigt sein, wenn jeder Düngerbestandtheil seine Wirkung auf das natürliche Pflanzenwachsthum äußern soll. Hieraus leuchtet ein, daß mit Kalk allein der Boden für die Dauer nicht gedüngt werden kann, und daß in dieser Beziehung das Sprüchwort gilt: „Kalk ohne Dünger angewandt, macht arm den Bauer und das Land“.

Unter den Kalkarten findet die häufigste Anwendung der Gyps (schwefelsaurer Kalk). Derselbe kam als Düngemittel eigentlich erst seit der Zeit in Anwendung, wo Schubart, genannt Edler von Kleefeld, den Kleebau in Deutschland einführte; doch erkennt man den Nutzen der Gypsdüngung namentlich bei den Kleearten von Jahr zu Jahr mehr, und jährlich steigert sich die Verwendung des Gypses als Düngemittel.

Um den Gyps als Düngestoff anzuwenden, wird er (sowohl gebrannt wie ungebrannt) in Mühlen fein gemahlen; doch ist gebrannter Gyps wirksamer als ungebrannter, weshalb auch von jenem auf den Morgen weniger gebraucht wird als von diesem. Ferner wirkt fein gemahlener Gyps schneller und besser als grob gemahlener. Man hat Beispiele, daß Gyps in kleinen Stücken, von der Größe der Erbsen oder anderer Getreidekörner, jahrelang im Boden gelegen hat, ehe er sich aufgelöst und zersetzt hatte. Soll darum der Gyps baldigst wirken, so muß er als feines Mehl über die Pflanzen ausgestreut und recht gleichmäßig vertheilt werden, was gewöhnlich aus dem Säetuch geschieht und welche Arbeit man kurzweg „Gypsen“ nennt.

Ueber die Zeit, wann gegypst werden soll, sind die Meinungen der Landwirthe noch verschieden. Nach der gewöhnlichsten und zugleich verbreitetsten Ansicht ist das Gypsen bei warmfeuchter, stiller Witterung im Frühjahr vorzunehmen, und man wählt hierzu gern die Morgenstunden, während der Thau noch liegt. Angestellte Versuche und Beobachtungen in neuerer Zeit haben aber über diese Ansicht den Stab gebrochen; es hat sich vielmehr herausgestellt, daß am zweckmäßigsten gegypst wird, wenn der Gyps zu einer Zeit auf das Feld kommt, daß er noch längere Zeit die Winterfeuchtigkeit genießt. Gerade durch diese wird der Gyps nicht allein vollständig aufgelöst, sondern kommt den Pflanzen, bei denen er angewandt wird, sogleich im Frühjahr durch seine Wirkung zu Statten. Von der sofortigen Auflösung des Gypses hängt aber ganz besonders seine Wirkung ab. Es sind in der Praxis Fälle vorgekommen, in denen der Gyps aus Mangel an Auflösung gar nicht gewirkt hat, wie denn überhaupt die Wirkung dieses Düngemittels größtentheils von der Frühlingswitterung abhängt. Selbst vom Gypsen auf den Schnee hat man recht gute Erfolge gehabt. Aber auch die

Bodenbeschaffenheit hat Einfluß auf die Wirkung des Gypsens. Auf tief und naß gelegenen Feldern ist dieselbe gering; auffallend dagegen ist sie auf einem leichten, mäßigfeuchten, warmen Boden, der noch in alter Bodenkraft steht. Auf Boden, der bereits gypshaltig ist, wirkt eine Gypsdüngung auch wenig, ja sie ist in solchem Falle ganz überflüssig. Ueber die Ursache der Wirkung des Gypses sagt Dr. Liebig in seinem Werke: „Die Chemie in ihrer Anwendung auf Agricultur und Physiologie" Folgendes: „Die so in die Augen fallende Wirkung des Gypses auf die Entwickelung vieler Pflanzengattungen, die gesteigerte Fruchtbarkeit und Ueppigkeit eines Feldes, das mit Gyps bestreut ist, beruht zum Theil auf der Fixirung des Ammoniaks der Atmosphäre, und zwar auf der Gewinnung derjenigen Quantität, die auf nicht gegypstem Boden mit dem Wasser wieder verdunstet wäre."

Gegypst werden vorzugsweise die Kleearten, das Wickfutter, die Hülsenfrüchte, sowie auch der Raps. Namentlich sollte der Landwirth das Gypsen der Kleefelder nicht unterlassen, denn es ist in der That wahr, daß durch das Gypsen der Futterschläge noch einmal so viel Futter von denselben gewonnen wird. Nach den Erfahrungen mehrerer Landwirthe zeigte sich eine Gypsdüngung beim Rapse besonders dann sehr wirksam, wenn dieselbe im Herbste vorgenommen wurde. Im Allgemeinen rechnet man auf den Morgen 2—2½ Scheffel Gyps, auf Rapsfelder jedoch etwas mehr. Ueberhaupt braucht man dabei nicht zu ängstlich zu sein, indem der Gyps nie schädlich auf das Pflanzenwachsthum einwirkt, wie dies auf Boden wahrzunehmen ist, der bis 50% Gyps enthält. Die Pflanze behält und nimmt von der Schwefelsäure des Gypses nicht mehr Schwefel bei sich, als sie zum Bau ihrer schwefelhaltigen Organe bedarf; den überflüssigen Schwefel giebt sie durch ihre Blattorgane in Schwefelgasform wieder von sich.

Daß der Gyps auch zum Ueberstreuen der Düngerstätte, zur Fixirung des Ammoniaks der Jauchen- und Düngergruben, ferner zur Fixirung desselben Stoffes in Rindvieh-, Schaf- und Pferdeställen angewandt wird, ist bereits erwähnt, sowie auch daß derselbe sehr vortheilhaft mit Asche vermischt wird.

Wenn es darauf ankommt, eine schnellere Wirkung auf die Zersetzung der mineralischen oder organischen Bodenbestandtheile hervorzubringen, so bedient man sich statt des Gypses lieber des Aetzkalkes, Lederkalkes (kohlensaurer Kalk). Ganz vorzüglich wirkt dieser auf schwerem, steifem Thonboden; er macht ihn locker, löst seine Bindigkeit, macht so den Zutritt der atmosphärischen Luft möglich, läßt die Zersetzung und Absorbirung des Düngers zu und entsäuert den Acker. Um aber eine solche Bodenverbesserung zu erzielen, darf man nicht glauben, daß mit wenig Kalk schon etwas erzielt werde; im Gegentheil, hier wird nur eine Kalkdüngung von größter Stärke etwas Tüchtiges bewirken. In England wird darum der Kalk zu diesem Zwecke in größter Menge auf den Acker gefahren, worüber Dr. Liebig Folgendes sagt:

„Im Oktober haben die Felder in Yorkshire und Lankasshire das Ansehen, wie wenn sie mit Schnee bedeckt wären. Ganze Quadratmeilen sieht man mit gelöschtem oder an der Luft zerfallenem Kalk bedeckt, der in den feuchten Wintermonaten einen höchst wohlthätigen Einfluß auf den steifen Thonboden ausübt."

Man kann den Aetzkalk sowohl durch flaches Pflügen als auch durch Eggen dem Boden einverleiben; beides kann sich bei richtiger Anwendung gleich gut bewähren, und kommt es hauptsächlich auf den Zweck an, den man bei einer Kalkdüngung im Auge hat. Hauptsache ist und bleibt es aber, daß der Kalk nur trocken verwandt werde; brei= oder steinartig oder naß gesäet wird seine Wirkung nur eine halbe sein, mithin auch nur halben Nutzen gewähren.

Die Gründüngung.

Die Düngung des Bodens mittelst grüner Pflanzen nennt man kurzweg „Gründüngung". Das wird euch wohl nicht recht einleuchten wollen, und ihr werdet an die im Vorworte (das ihr alle hübsch lesen müßt) erwähnte Bücherweisheit denken. Doch erst hört und dann urtheilt. Diese Düngungsart ist in manchen Gegenden schon lange mit großem Vortheil überall da angewandt worden, wo die Lage des Ackers (z. B. an und auf steilen Bergen und Abhängen) eine Düngung mit Stallmist sehr erschwert, wo das zu düngende Grundstück sehr weit entfernt und abgelegen ist und dasselbe daher nur selten gedüngt wird, wo der Boden sehr steril und wo Mangel an Stalldünger ist.

Zu dieser Düngung werden verschiedene Pflanzen verwandt; die gewöhnlichsten sind: Erbsen, Wicken, die verschiedenen Kleearten, Oelpflanzen (wie Raps, Rübsen), Spergel, Lupinen u. dgl. So wird z. B. in der Rheinpfalz nach der Winterweizenernte sehr oft eine Wickensaat vorgenommen, im Spätherbst untergepflügt und im folgenden Sommer vortreffliche Gerste danach gebaut. In der Grafschaft Mark säet man im Frühjahr Weißklee in den Winterweizen, läßt denselben nach der Ernte des Weizens durch Schafe etwas abweiden und alsdann unterpflügen, oder man pflügt ihn auch unbehütet unter. Das Gedeihen der danach folgenden Frucht wird dadurch besonders gefördert. Bei Hadamar im Nassauischen wird Rothklee in derselben Weise gebaut, im Herbst in Schnitt genommen und dann untergepflügt. Die fleißigen Bewohner des elsassischen Dorfes Hördt wenden vorzüglich Rübenblätter aller Art zur Gründüngung an, die Landwirthe in der Normandie den Winterrübsen, die Italiener die Lupine. Und in der That dürfte vorzugsweise diese Frucht ihrer Wohlfeilheit wegen zur Gründüngung zu verwenden sein, sowie sie auch unter allen Gründüngungspflanzen die meiste Masse liefert.

Das Saatquantum zu einer Gründüngung muß weit stärker als bei einer gewöhnlichen Saat gegeben werden, damit der Boden von den Pflanzen dicht beschattet wird und überhaupt der Acker eine dichtgedrängte Krautmasse erzeugt. Nachdem die

Pflanze ihre möglichste Höhe und größte Ausbildung erreicht hat und bevor sie Samen ansetzt, wird sie niedergewalzt und dann flach untergepflügt. Ein tiefes Unterbringen ist nicht vortheilhaft, weil dadurch die Verwitterung und Auflösung der mineralischen Düngestoffe erschwert wird.

Ein anerkannt tüchtiger Landwirth, Kette mit Namen, der über Lupinenbau viele Erfahrungen gemacht hat, rathet, die Lupine auf dürrem, leichtem Boden bei feuchter Witterung unterzupflügen und, um das Erliegen des Ackers zu fördern, sofort zu eggen und zu walzen. Hierauf soll bis zur Einsaat des Roggens wenigstens 14 Tage gewartet werden. Dieser verdienstvolle Landwirth versichert, daß solcher Roggen in warmem, thätigem Sandboden in Menge und Güte besser gedeihe als nach einer Stallmistdüngung.

Die Pferch- oder Hordendüngung.

Außer der gewöhnlichen Düngung des Bodens mit Stalldünger wird derselbe auch häufig mit Pferch- oder Hordendünger gedüngt; was darunter zu verstehen ist, bedarf weiter keiner Erläuterung. Bei uns findet die Hordendüngung nur mit Schafen statt, und sie gewährt eine bedeutende Erleichterung dadurch, daß durch sie erstens die Düngerfuhren erspart werden und zweitens mehr entfernt liegende, bergige und leichte Bodenarten fruchtbar gemacht werden. Leichter Sandboden wird durch den Pferch nicht allein gedüngt, sondern durch das

Treten und Liegen der Schafe auch fester und bindiger. Dadurch flüchten sich zugleich die Mäuse aus dem Boden, und die darauf erbaute Frucht, insonderheit die jungen Saaten, haben weniger von ihnen zu leiden. Außerdem tritt aber auch noch der Umstand hinzu, daß durch den Pferch bei gleicher Stückzahl des Viehes größere Wirkung erfolgt, als wenn der Schafdünger auf gewöhnliche Weise im Stalle gewonnen wird. Es ist durch die Erfahrung dargethan, daß z. B. der Dünger von tausend Stück Schafen den Sommer über im Stalle gewonnen durchaus nicht die Wirkung äußert, wie der Pferch von gleicher Stückzahl, und daß die Mühen und Arbeiten der Düngergewinnung bei der Stallhaltung ebensowenig vergütet werden, wie die Kosten für das verwandte Stroh.

Der Pferch- oder Hordendünger wirkt zwar äußerst schnell, jedoch nicht anhaltend. Die vortheilhafte Einwirkung einer guten Pferchdüngung auf den Ernteertrag der zweiten Frucht ist zwar stets noch sichtbar; man nimmt aber an, daß dieses nicht der Reichthumsvermehrung durch den Pferch, sondern der Einwirkung desselben auf die Zersetzung der schon im Boden befindlichen Nahrungsstoffe beizumessen ist. Die Wirkung dieser Düngung hängt besonders von der Stärke derselben ab, und letztere wird wiederum von der Gattung und Zahl der Schafe, sowie durch die Menge und Güte des von denselben gefressenen Futters bedingt. Mit dem Nachtlager von 3000 Stück Schafen, die auf der Weide des Tages über genügend genährt sind, wird 1 preuß. Morgen schon gut gedüngt.

Da nun die Wissenschaft durch Berechnung nachgewiesen hat, daß 3000 Schafe in einer Nacht nicht so viel Stalldünger erzeugen, um 1 Morgen damit gut düngen zu können, so ist die Hordendüngung zugleich ein Mittel, den Düngungszustand einer Wirthschaft zu fördern und zu heben.

Werden weniger als die angegebene Stückzahl, z. B. nur 2000—2100 Schafe zur Düngung eines Morgens in einer Nacht verwandt, so ist die Düngung nur eine mittelmäßige zu nennen, und können zu gleichem Zwecke nur 1500—1200 Stück verwandt werden, so ist die Düngung eine schwache. Im ersteren Falle düngt nämlich ein Stück $8^2/_3$ □Fuß, im zweiten $10^4/_5$—$12^1/_2$, und im letzteren $17^1/_2$—$21^3/_5$ □Fuß in einer Nacht.

Am besten wirkt der Pferch, wenn auf gepflügtem Lande gehordet wird und die gepflügten Stücke möglichst bald, aber nicht tief, sondern nur flach gepflügt werden. Kommt hierzu eine mehr feuchtwarme als trockene Witterung, so kann die Wirkung des Pferches eine ganz vorzügliche werden; in trockenen Sommern ist diese jedoch nur gering. Ganz vorzüglichen Vortheil bringt der Pferch den Winterölgewächsen in der Art, daß man dem Boden erst eine Düngung von gewöhnlichem Stallmiste und dann noch eine Hordendüngung gibt, wie denn überhaupt die Oelfrüchte einen Standort lieben, der durch Schafe gedüngt worden ist. Auch nach der Saat der Winterhalmfrüchte kann der Pferch noch angewandt werden, nur darf der Boden nicht feucht und zu schwer sein, ferner darf das Pferchen nur bei trockenem Wetter und nur in der Zeit geschehen, in welcher die Körner noch nicht stark gekeimt haben, weil die Schafe die Keime sonst abtreten würden. Durch eine solche Düngung wird oft ein schwaches und kränkliches Aufgehen des Samens verhindert und ein kräftiges, frisches Emporkeimen gar sehr gefördert.

Die Reihen-, Loch- oder Stufendüngung.

Noch ist die Reihen- und Loch- oder Stufendüngung zu erwähnen. Die erstere wendet man bei solchen Culturgewächsen an, von denen man gleich im ersten Jahre einen möglichst großen Ertrag erzielen will. Sie kommt vorzüglich beim Hackfruchtbau, z. B. bei Runkeln, Mais, Pferdebohnen ꝛc. vor, wo man das Düngen in die Saatfurche oder unter die zum Bepflanzen bestimmten Balken (Kämme) vornimmt. Ebenso wendet man sie bei der Düngung mit Düngesalz, Knochenmehl ꝛc. an, wo man diese Düngemittel durch Hülfe einer Säemaschine in die Furchen ausstreut.

Bei der Loch- oder Stufendüngung wird der verrottete, klare Dünger, Taubendünger, Compost, Knochenmehl ꝛc. in die gemachte Grube oder Stufe gebracht. Bei dieser Düngungsmethode braucht man kaum den dritten Theil der gewöhnlichen Düngung, kann mit wenig Düngermasse eine große Bodenfläche düngen und den Dünger den Pflanzen so nahe als möglich bringen.

Die Düngung des Bodens mit künstlichem Dünger
oder:
Soll der Landwirth, insonderheit der kleine bäuerliche Landwirth, sogenannte künstliche Düngemittel kaufen?

Die Erörterung dieses Gegenstandes dürfte nach dem Bisherigen und nach Aufführung der vorbenannten Düngestoffe, welche jedem Landwirthe ohne Ausnahme zu Gebote stehen, nicht unwichtig erscheinen, zumal viele Landwirthe meinen, ohne künstlichen Dünger sei heutzutage gar nicht mehr zu wirthschaften. Wenn nun auch obige Frage erschöpfend hier nicht beantwortet werden kann, indem die Antwort von gar zu verschiedenen Verhältnissen abhängt, so steht doch im Allgemeinen fest, daß bei Fleiß und Sorgfalt, jeden Düngestoff der Wirthschaft zu benutzen, ein Ankauf von künstlichen Düngemitteln nicht nöthig ist, und daß Klagen über Düngermangel bei Verstand und gutem Willen leicht zu beseitigen sind.

Klagen über Düngermangel hört man aber noch gar häufig selbst von größeren Landwirthen; diesen Klagen folgen dann Klagen über das Ausgeben bedeutender Summen für künstliche Düngestoffe, Klagen, daß diese trotz ihres hohen Preises nicht gewirkt haben, und daß das Geld dafür umsonst ausgegeben worden ist. Es ist freilich wahr, daß beim Ankauf künstlicher Düngemittel der Landwirth nicht allein den Werth des Düngers theuer genug bezahlen muß, sondern daß er auch dem Fabrikanten die Zubereitung desselben bezahlt, und daß er endlich auch dem Kaufmanne, durch und von welchem er solche Stoffe bezieht, meist so viel über den eigentlichen Düngerpreis entrichtet, als dieser daran verdienen möchte. Aber Fabrikant und Kaufmann sind dabei in vollem Rechte, denn einen Artikel absetzen und möglichst viel daran verdienen, ist ihr Geschäft, und es ist diesen Leuten eigentlich kein Vorwurf darüber zu machen. Der Landwirth ist jedoch zu bedauern, der da kauft und von künstlichen Düngestoffen großes Heil für seine Felder erwartet. Wenn der große Freiguts- oder der reiche Rittergutsbesitzer einmal beim Ankauf von künstlichem Dünger um Hunderte, ja vielleicht gar um Tausende betrogen wird und dieselben verliert, so schmerzt das wohl, aber es stehen diesen Herren viel andere Quellen zu Gebote, den Schaden zu decken. Wenn jedoch der kleinere Landwirth mit saurer Mühe 50 oder 100 Thaler zum Ankauf von Patentdünger, Kraftdünger, Düngerpulver und wie alle diese Stoffe heißen mögen, aufgebracht hat, und er ist dann betrogen nnd getäuscht in seinen Ernteerträgen, woher will er Ersatz nehmen?

Aber es ist, um es nochmals zu wiederholen, auch gar nicht nöthig, daß ihr kleineren Landwirthe zu solchen Mitteln eure Zuflucht nehmt; benutzet nur recht sorgfältig und fleißig jeden Düngerstoff eurer Wirthschaft, bewahret und bereitet euern Stalldünger so, wie es in dem Vorstehenden auseinandergesetzt ist, benutzt sorgsam die Jauche, legt eifrig Komposthaufen an, sammelt Asche, und wollt ihr endlich einmal durchaus zum Ueberdüngen eurer schwächlichen Wintersaaten ein Ueberdüngungsmittel haben, so bereitet euch selbst aus Gyps, Asche und Abtrittdünger ein solches Düngepulver auf folgende Weise:

Nehmt z. B. 4 Scheffel Gyps und 4 Scheffel Holzasche, mengt beide Stoffe gut durcheinander, übergießt sie dann mit Abtrittdünger und Jauche und rührt das Ganze zu einem Teige an; auch klar geklopfter und gesiebter Hühner= und Taubenmist kann mit benutzt werden. Diesen Teig laßt ihr dann einige Tage stehen, damit er mehr Zusammenhang erhält, stecht dann mit dem Spaten halbbacksteingroße Stücke und trocknet sie an der Sonne. Sind sie vollständig ausgetrocknet, so werden sie zu Pulver gestampft, und dasselbe wird nun wie jedes andere Düngepulver verwandt.

Oder:

Grabt an einem schattigen Orte ein Loch von ungefähr 6 Fuß Tiefe, füllt dasselbe mit 1 Karren Erde, 1 Karren faulem Schafdünger, 1 Scheffel Taubenmist oder Hühnermist und 1 Scheffel guter Asche. Diese Masse müßt ihr alle 8—14 Tage mit Jauche gut begießen und alle 4 Wochen einmal sorgfältig durcheinander arbeiten. Ist das Ganze zu einer Masse aufgelöst und recht speckig, so formt man Backsteine daraus, läßt sie an einem luftigen Orte gut austrocknen, zerkleinert sie dann zu Pulver und verwendet dieses als Ueberdüngungsmittel.

Noch folge hier die Anweisung zur Bereitung eines „deutschen Guano", wie dieselbe in Dr. Frank's gekrönter Preisschrift mitgetheilt ist.

Eine Menge Erde wird durch eine Rolle oder ein Sieb gebracht, um alle größeren Steine u. dgl. zu entfernen, auf einen länglichen Haufen geworfen, mit Asche, Gyps — ist Hühner- und Taubenmist vorhanden, auch mit diesem, nachdem er mit dem Dreschflegel zu Staub geschlagen ist, — vermischt, mit dem Urin der Hausbewohner wiederholt begossen und dabei mehrfach umgestochen. Kann diese Masse nun noch mit festen menschlichen Auswürfen vermischt und noch einige Male gut mit gegohrner Jauche begossen werden, so erhält man einen Düngestoff, der dem besten und theuersten Schiffs-Guano an die Seite zu stellen ist. Mit 8—10 Centner auf den Morgen wird man Halmfrüchte zu einer doppelten Ertragsfähigkeit steigern können.

Freilich gibt es noch Landwirthe genug, die sich solchen Arbeiten entweder aus Bequemlichkeit gar nicht oder nur höchst ungern unterziehen; freilich gibt es auch noch solche genug, die ihren Stalldünger von Regenwasser auslaugen, von Sonne und Luft austrocknen und von den Hühnern verscharren lassen; es gibt freilich auch noch Dörfer genug, in denen aus den Höfen, wie Dr. Stöckhardt sagt, ein braunes Bächlein von flüssigem Guano herabrieselt, um sich in den Straßengräben oder in dem Dorfbache zu verlieren, und wo es, wie ein anderer allbekannter Landwirth, Namens Thaer sagt, sehr fette Wege, aber magere Aecker gibt. Es ist auch nichts Seltenes, daß man sieht, wie Mancher den Centner verfälschten Guano für 4—5 Thlr. und andere Düngepulver kauft und die kräftigsten und kostbarsten Excremente seiner Hausgenossen ungenutzt umkommen, die Knochen für 1 Elle Band an den Lumpen- oder Knochenmann verschachern, sich um die Sammlung der Asche in seiner Wirthschaft wenig bekümmert und sie um ein Judasgeld oder 1/4 Pfd. Seife von der Aschenfrau forttragen läßt, während diese Stoffe doch alle die Bestandtheile sind, die der Guano und andere käufliche Düngemittel mehr oder weniger enthalten.

So sieht es in der Düngerbereitung noch vieler deutschen Landwirthe aus. Es ist demnach auch gar kein Wunder, daß bei solcher Düngerverschwendung Düngermangel eintritt und über solchen geklagt wird; daher auch die irrige Ansicht, daß ohne künstlichen Dünger nicht mehr auszukommen sei; daß schlechte Ernten erzielt würden und von einem Reinertrage gar nicht die Rede sein könne. Ist es bei dir auch noch so, dann rasch gelobt: es soll anders werden. Merke und beherzige wohl, daß deine Mistgrube dein Geldbeutel ist und daß sie dich reich machen kann, wenn du nur reich werden willst.

Bei alle dem muß freilich auch wahr bleiben, daß durch unvorhergesehene Unglücksfälle, wie z. B. Viehsterben, Mangel an Stroh durch Hagelschlag u. dgl., Düngermangel in einer Wirthschaft eintreten kann. In solchen Fällen ist es Pflicht des Landwirths, sich an die Wissenschaft zu wenden und bei ihr Rath und Auskunft zu holen. In neuerer Zeit hat nämlich dieselbe durch mannigfache und sorgsame Versuche alle die Stoffe zu ermitteln gesucht, welche in jeder Pflanze enthalten sind und welche darum auch ein künstlicher Dünger enthalten muß, soll er das Wachsthum und Gedeihen der Pflanzen fördern und sichern. Diese Stoffe sind aber: Knochenmehl, Asche, Gyps und etwas Viehsalz. Sollen dieselben nun zu einem künstlichen Dünger verwandt werden, so werden sie zunächst in erforderlicher Menge mit Erde oder Moder, Schlamm, Laub u. dgl. Stoffen gemengt, in Haufen gesetzt und mit Jauche, Urin oder flüssigem Abtrittdünger sorgfältig begossen und behandelt; denn soll ein solcher künstlicher Dünger allen Anforderungen genügen und dem Stalldünger an Wirkung gleichkommen, so müssen erdige und mineralische Stoffe und Ammoniaksalze, in Fäulniß übergehende thierische Stoffe und zersetzungsfähige Pflanzenreste mit einander vermengt und vermischt sein. Freilich bleibt dabei immer zu erinnern, daß es nie vortheilhaft ist, eine künstliche Düngung auf viele Jahre berechnen zu wollen und sie deshalb in großer Menge anzuwenden; sie soll ja aber auch nur bei Düngermangel, durch Noth und Unglücksfälle hervorgerufen, angewandt werden. Der Hauptdünger soll und muß der Stalldünger bleiben. Gründliche Berechnung der Stoffe und Anweisung zur Bereitung solchen künstlichen Düngers für verschiedene Halmfrüchte und Oelgewächse findet man in dem Werkchen: „Die Natur in ihrem Walten, von A. von Versen", S. 350 u. ff. Es würde zu weit führen, diese Berechnungen hier zu wiederholen; möge Jeder von euch, der sich hierfür interessirt, diese treffliche Schrift selbst zur Hand nehmen und sich darüber unterrichten; er wird gewiß reiche Belehrung finden.

Werdet ihr Landwirthe nun vor Allem streben, euern Stalldünger sorgsam zu bereiten, die Jauche fleißig zu sammeln, eifrig Komposthaufen anzulegen, euere Ueberdüngungsmittel euch selbst zu bereiten, überhaupt jeden Düngestoff eurer Wirthschaft sorgfältig zu benutzen und der ganzen und gesammten Düngerbereitung Aufmerksamkeit, Verstand und Fleiß zu widmen, so werden gar bald euere Felder mit gutem, kräftig wirkendem Miste und in reichlichem Maße zu düngen sein, und reichliche Ernten werden solch' löbliches Bestreben krönen. So ist denn ersichtlich, daß sorgfältige Düngung des Bodens und gute Bearbeitung desselben das sicherste Mittel der Landwirthschaft ist, jährlich reichlich zu ernten und eueren Wohlstand durch gesegnete Ernten dauernd zu gründen.

Die Bearbeitung des Bodens.

Lieben Landwirthe, ihr seid mit eueren Kräften, eurer Zeit, eurem Betriebscapitale vorzugsweise an den Boden gewiesen; ihn zu bearbeiten ist euer Geschäft, ihn fort und fort zu verbessern und die Ertragsfähigkeit desselben zu vermehren und zu erhöhen, eure Aufgabe, denn die Erträge des Bodens sollen und müssen, ja eure Existenz sichern. Dem Boden verdankst du deine und der Deinigen Nahrung und Kleidung, von ihm holst du dir deinen Oelbedarf, von ihm ernährst du deine Hausthiere. Es erhellt, wie überaus wichtig für dich das Geschäft der Bodenbearbeitung ist. Vernachlässigest du diese, so bleiben die nachtheiligen Folgen davon nicht aus, denn es steht erfahrungsmäßig fest, daß schlechte Bearbeitung und Düngung des Bodens schlechte Ernten bringt, und daß dann weniger von einem Reinertrage und Förderung des Wohlstandes die Rede sein kann; daß vielmehr die ganze Wirthschaft zurückkommt und den Krebsgang geht. Sorgfältige Bodenbearbeitung und reichliche Düngung desselben aber bringen reiche Ernten, die den Wohlstand des Landwirths mehr und mehr festigen und fördern. So stellt sich denn heraus, daß sorgsame Bearbeitung des Bodens bei sorgfältiger Düngung ein weiteres Glied in der Kette des landwirthschaftlichen Betriebes ist, um den höchsten Reinertrag nachhaltig aus der Landwirthschaft zu erzielen und den Volkswohlstand überhaupt zu heben.

Du als kleinerer Landwirth mußt bei der Bearbeitung deines Bodens stets das Beispiel des fleißigen Gärtners vor Augen haben, der mit dem Spaten in der Hand seinen Boden tüchtig umgräbt. Was überhaupt gute Bodenbearbeitung thut, davon gibt die Umgegend von Magdeburg ein treffliches Beispiel. Fleißige Hände graben Tausende von Aeckern, und durch Hacken und Jäten machen sie aus dem Boden eine Goldgrube. Durch fleißige und sorgfältige Bearbeitung des Bodens wird es dem Gonsenheimer Bauer möglich, mit 3 Morgen Landes sich und seine Familie zu ernähren; und der Erfurter Gemüsegärtner vermag durch sie den Morgen Landes mit 24 Thlr. jährlich zu pachten und trotz des hohen Pachtes und nach Abzug seines Taglohnes einen reinen Gewinn von 150—200 Thlr. jährlich zu erzielen, ein Betrag, der hinreicht, eine Familie zu erhalten. In England versorgt der Boden bei guter Cultur gegenwärtig 7 Millionen Menschen mehr als vor 30 Jahren.

Unter Bodenbearbeitung versteht man aber gemeinhin das Lockern, Lüften und Umwenden des Bodens durch Graben, Pflügen, Eggen und dergleichen Arbeiten mittelst der dazu erforderlichen Werkzeuge. Der Boden muß aber aufgelockert werden, soll er anders den Samen aufnehmen, die Entwickelung des Keims, das Herauskommen der jungen Pflanze, die Ausbildung und das Eindringen der Wurzeln bis zu der für die Natur der Pflanze erforderlichen Tiefe gestatten. Auch ist die Auflockerung und Lüftung des Bodens deshalb nothwendig, um ihn durch den Zutritt der Luft in Thätigkeit zu bringen, weil ohne Mitwirkung der atmosphärischen Luft keine Gährung der organischen Stoffe, keine Zersetzung derselben, keine Verbindung ihrer Elemente mit den verschiedenen, hierzu geeigneten mineralischen Bodenbestandtheilen, also keine Erzeugung von Pflanzennahrungsstoffen stattfinden kann.

Jede Bearbeitung des Bodens muß aber mit Bodenkenntniß unternommen werden. Ohne diese bleibt erstere nur eine halbe, ja kann sogar in manchen Fällen höchst nachtheilig werden. Es ist daher Pflicht eines jeden Landwirths, sowohl des kleinen wie des großen, des weniger bemittelten wie des reichbegüterten, seinen Boden genau kennen zu lernen; denn nur bei richtiger Bodenkenntniß kann eine richtige Bearbeitung des Bodens erfolgen. Sie trifft den richtigen Zeitpunkt, wann diese oder jene Bodenart am zweckmäßigsten und vortheilhaftesten zu bearbeiten ist und hält auch das rechte Maß der Bearbeitung ein, denn auch der Boden kann zu viel bearbeitet werden. So ist z. B. dem leichten, lockern Sandboden ein wiederholtes Pflügen nur schädlich, weil es den Hauptfehler dieser Bodenart, nämlich Mangel an Zusammenhaug und Bindigkeit, noch vermehrt.

Diese Bodenkenntniß ist jedoch nicht mit jener wissenschaftlich=systematischen Kenntniß der einzelnen Bodenarten und ihrer Bestandtheile zu verwechseln, über welche die Herren Gelehrten selbst noch nicht ganz einig unter einander sind. Der praktische Bauernlandwirth hält sich vielmehr an das, was das Einfachste und Verständlichste ist und ihm alle Tage vorliegt, und unterscheidet in seiner Praxis Thon=, Sand=, Kalk= und Lehmboden, je nach einem der vorherrschenden Bestandtheile im Boden. Die specielle Bearbeitung dieser Bodenarten wird weiter unten ausführlicher dargethan werden.

Ferner ist bei der Bearbeitung des Bodens nächst der Bodenkenntniß auch praktische Ortskenntniß jedem Landwirthe nöthig. Selbst der wissenschaftlich gebildete Landwirth wird klüglich die durch die Oertlichkeit gebotene und bedingte Bodenbearbeitung berücksichtigen und sie nicht leichtsinnig bei Seite schieben, denn Verstöße gegen sie könnten höchst nachtheilige Folgen in pecuniärer Hinsicht haben.

Jede Bodenbearbeitung muß ferner mit den für jede Gegend und Bodenart passendsten und zweckmäßigsten Werkzeugen und Ackergeräthschaften geschehen. Wenn auch im Allgemeinen ein Jeder von euch mit Pflug und Egge, Haken und Walze arbeiten muß, so braucht doch genau genommen der andere Werkzeuge, welcher Wald= und Gebirgsboden anbaut, als der, welcher Marschboden bearbeitet. Gründliche und genaue Vorschriften hierüber geben zu wollen, wäre unpraktisch und hätte keinen weitern Werth, weil die richtige Erkenntniß des Zweckmäßigen nur aus dem praktisch geübten Blicke des

Landwirths und den gebotenen Oertlichkeiten und sonstigen Umständen hervorgeht.

Spaten und Pflug.

Der Zweck aller Bodenbearbeitung, nämlich Lockerung und Lüftung des Bodens, wird am sichersten durch das Graben des Landes mittelst des Spatens erreicht; ja der höchste Grad von Lockerheit wird nur durch die Spatencultur erzielt. Zum Spaten greift daher der Gärtner, bearbeitet mit ihm auf die sorgfältigste Weise seinen Boden, erntet dann aber auch nicht allein reichlich, sondern entnimmt demselben jährlich mehr als eine Ernte, wodurch der höchste Reinertrag sich erzielen läßt. Zum Spaten soll daher auch der Landwirth, insonderheit der kleinere Bauernlandwirth, greifen und sein Kartoffel=, Möhren=, Kraut= und Runkelland der Spatencultur unterwerfen. Ja, die Praxis hat Beispiele genug aufzuweisen, wo selbst der Boden zu Halmfrüchten gegraben wird und reichliche Ernten erzielt werden. Ja die Erfahrung hat bestätigt, daß der mit dem Spaten sorgfältig bearbeitete Boden fast noch einmal so viel Früchte trägt, als Boden, der nur oberflächlich und seicht geackert wird. Darum ist auch die Spatencultur in verschiedenen Gegenden unseres Vaterlandes anzutreffen, so im Neckar= und Remsthale, an der Bergstraße, auch hin und wieder in den Rheingegenden. In der Gegend von Magdeburg hat man die Spatencultur auf den größten

Gütern eingeführt und gräbt jährlich sehr ausgedehnte Flächen Landes zur Erzeugung der für die Zuckerfabriken bestimmten Massen von Zuckerrüben und findet diese Art der Bodenbearbeitung sehr vortheilhaft. Aber auch in anderen Ländern, wie z. B. in Belgien, ist die Spatencultur heimisch. Mit dieser ist dann der Landwirth an der Grenze des Ackerbaues angelangt, ohne jedoch seinen Boden für Gartenland erklären zu können.

Der größte Theil der ertragsfähigen Länderei wird jedoch nicht durch den Spaten, sondern vorzugsweise durch den Pflug bearbeitet. Dieser muß den Spaten bei mangelnden Arbeitskräften, bei Mangel an Zeit und aus manchen anderen Gründen vertreten und ersetzen. Hieraus ist ersichtlich, daß der Zweck des Pflügens eben kein anderer sein kann, als Lockerung und Lüftung des Bodens mit vollkommener Umwendung der obern abgetragenen und Hervorholung der untern, so zu sagen geruhten, an Nahrungsstoffen reichern Ackerkrume an die Oberfläche, sowie nebenbei Vertilgung der Unkräuter.

Die untere Ackerkrume hat mit dem in sie eingedrungenen Regenwasser viele in demselben aufgelöste Pflanzennahrungsstoffe aufgenommen und aufbewahrt; sie hat dabei gleichsam geruht und neue Kräfte gesammelt. Nun soll sie durch das Pflügen herauf in den Bereich der sich entwickelnden Pflanzenwurzeln gebracht werden, soll ihre gesammelten Vorräthe an Nahrung an die Pflanzen abgeben und thätig sein, während der bereits durch eine Ernte benutzte Theil der Ackerkrume an die Stelle der heraufgeholten tritt. Es ist ersichtlich, daß die rein mechanische Operation des Pflügens den Kraftreichthum des Bodens nicht vermehrt; sie kann Nichts geben, Nichts hinzufügen; sie kann nur, in rechter Weise angewandt, die Entwickelung seiner fruchtbaren Thätigkeit dadurch befördern, daß sie durch Zertheilung seiner organischen und unorganischen Bestandtheile deren Umwandlung in assimilirbare Pflanzennahrung erleichtert. Es ist aber auch ersichtlich, welche Wichtigkeit dem Pflügen bei der Bodenbearbeitung hinsichtlich seines Zweckes beizulegen ist. Das aber wird noch von gar vielen Landwirthen nicht erkannt; noch gar viele Landwirthe begehen beim Pflügen die größten Mißgriffe und Fehler, kratzen den Boden mittelst schlechter Pflüge höchstens 1—2 Zoll auf, statt daß sie ihn tief umwenden sollten, und wundern sich dann, wenn der Acker statt gute Früchte nur Dornen und Disteln trägt und solche halbe Arbeit zu Schanden macht und durch schlechte Ernten lohnt. Ja, in der Bodenbearbeitung wird vom gewöhnlichen Bauersmanne noch gar zu häufig gefehlt und den Werkzeugen und Ackergeräthschaften zu wenig Aufmerksamkeit geschenkt; namentlich wird dem Pfluge, dem Hauptwerkzeuge zur Bearbeitung des Bodens, noch von gar vielen Landwirthen zu wenig Sorgfalt und Rücksicht gewidmet. „Pflug ist Pflug und Ackern ist kein Graben", heißt es und dabei bleibt's. Solchen Landwirthen ist freilich nicht zu rathen und zu helfen. Auch in der Verbesserung und Vervollkommnung der Ackerwerkzeuge muß der Landwirth mit fortschreiten. Freilich ist bis jetzt noch kein Pflug erfunden worden und dürfte auch schwerlich erfunden werden, mit dem man alle die verschiedenen Arbeiten und auf allen Bodenarten mit gleicher Vollkommenheit ausführen könnte, denn jede Gegend hat ihre Eigenthümlichkeiten, und es läßt sich so ein bestimmtes Urtheil über die unbedingte Vortrefflichkeit oder Verwerflichkeit eines Pfluges nicht abgeben. Aber den Pflug noch gebrauchen zu wollen, den der Ururgroßvater benutzt hat, ist doch wahrlich kein Fortschreiten in seinem Gewerbe. Jeder Landwirth kann aber sehr leicht erfahren, ob sein Pflug auf den Namen „gut“ Anspruch hat oder nicht, wenn er folgenden Maßstab an denselben legt.

Ein Pflug, der als ein „guter“ gelten soll, muß den Erdstreifen von der Landseite senkrecht, von der Furchensohle wagerecht abschneiden und eine reine Furche hinterlassen. Diesen abgeschnittenen Streifen darf der Pflug nicht bei Seite schieben, sondern muß denselben allmählich heben und ihn vollständig umgewendet so auf die Seite legen, daß ihn die Egge gut ergreifen, völlig zerbröckeln und zerkrümeln kann. Er muß einen leichten und sichern Gang haben, leicht und zu jeder beliebigen Furchentiefe gestellt werden können, fest und dauerhaft und nicht zu schwierig anzufertigen sein. Er muß eine Vorrichtung haben, um sowohl einen breiten als auch einen schmalen Pflugschnitt machen zu können und darf keine zu große Zugkraft erfordern. Endlich muß er auch leicht zu führen sein. Nun prüfe rasch deinen Pflug, lieber Bauersmann, und siehe, ob er diese Eigenschaften hat. Ist er aber noch ein Erbstück der guten alten Zeit deines seligen Urgroßvaters, dann flugs weg damit und einen bessern und zweckmäßigern geschafft; du wirst mir's gewiß Dank wissen.

Die beiden Hauptfehler in der Bodenbearbeitung.

Zwei Hauptfehler sind es, die noch heutzutage selbst von verständigen Landwirthen in der Bearbeitung des Bodens begangen werden und vor welchen ihr hiermit gewarnt werden sollt; der erstere betrifft die Frage: „Wann soll der Boden gepflügt werden?", der zweite die: „Wie tief soll gepflügt werden?" Zunächst sei die erste Frage ins Auge gefaßt.

Die Antwort auf diese Frage kann genau genommen nur der praktische Blick des erfahrenen und denkenden Landwirths mit Sicherheit an Ort und Stelle geben, denn es gibt hierbei gar Mancherlei zu berücksichtigen. Im Allgemeinen darf jedoch Folgendes als durch die Erfahrung begründet und festgestellt angenommen und empfohlen werden.

Ein altes Bauernsprüchwort, das ihr gewiß Alle kennt, sagt: „Vor Winter gepflügt, ist halb gedüngt." In diesem Punkte fehlen aber noch gar viele Landwirthe und wundern sich dann, wenn ihr Boden im Frühjahr sich schlecht bearbeiten läßt. Aller Boden, der vor Winter zu pflügen ist, soll auch vor Winter gepflügt werden. Das merkt euch, lieben Landwirthe; das ist eine Hauptregel in der Bodenbearbeitung. Aus dieser folgt zunächst, daß das Umpflügen der Stoppeläcker vor Winter geschehen muß. Stoppelfeld den Winter hindurch bis zum nächsten Frühjahr liegen zu lassen, ist thöricht und schädlich und zeigt von Unverstand und Faulheit, weil solches Feld bei längerem Liegen ohne Schutz gegen Sonne und Luft bei einigermaßen gebundenem Boden sich verhärtet, die Fähigkeit, sich beim Pflügen zu krümeln, verliert, und überhaupt viel Pflanzennahrung des Bodens während dieser Zeit verloren geht. Das sofortige Umpflügen der Stoppeln ist aber sogar dann unumgänglich nöthig, wenn nach Oelsaaten oder Halmfrüchten eine Wintergetreidesaat folgen soll, weil eine gute Pflugart im mürben Zustande des Bodens, außer anderen Vortheilen, eine bessere Cultur bewirkt als drei Pflugarten, die als Notharbeit gemacht werden und nicht so viel Zeitzwischenraum gestatten, daß der Boden zur Gahre gelangen kann. Daß die Stoppelfurche gleich in voller Tiefe der Ackerkrume ausgeführt werde, ist darum nöthig, um der ganzen Krumenmasse den Zugang der Luft zu gewähren. Hierauf ließe sich zwar entgegnen, daß die Stoppeln, flach untergebracht, leichter faulen, was allerdings wahr ist; allein dieser augenblickliche Nutzen verschwindet ganz gegen die Größe des Schadens, der aus diesem Verfahren entsteht. Die Stoppeln werden sich beim Tieferpflügen ebenso nützlich zeigen, denn sie erhalten in diesem Falle die Lockerheit der auf ihnen ruhenden Ackerkrume, was namentlich bei dem Umpflügen der Stoppeln der Halmfrüchte zu berücksichtigen ist, die den Winter über in rauher Furche liegen bleiben. Die Einwirkungen der Atmosphäre sind auf solchem Boden viel nachhaltiger und segensreicher. Wenn auch die tiefer untergepflügten Stoppeln später faulen, so wirken sie dagegen vortheilhaft auf die Verbesserung des Untergrundes und machen ihn den tiefer gehenden Pflanzenwurzeln zugänglicher, bereiten ihn aber so zu einer allmählichen Vermischung mit der Ackerkrume vor, wodurch die Tiefcultur ermöglicht wird.

Flaches Stoppelpflügen trägt zu einer guten Bodencultur fast gar nichts bei. Flachgepflügter Boden nimmt weniger Winterfeuchtigkeit auf und bleibt den Einwirkungen der Atmosphäre mehr verschlossen. Der tiefgepflügte Boden dagegen nimmt im Winter viel Wasser auf, bindet es, ohne breiig zu werden, trocknet im Frühjahr bei weitem früher ab, um bearbeitet werden zu können, und behält in der Tiefe sehr schätzbare Reserven von Feuchtigkeit. Flachgepflügter Boden bildet nach nassen Wintern einen Brei, braucht längere Zeit, um abzutrocknen, weil sich das Wasser nur durch Verdunstung entfernen kann. Solche Verdunstung aber erzeugt Kälte, und mancher sogenannte kalte Boden, bei dem die Frühjahrsbestellung weit hinausgeschoben werden muß, würde viel früher sich bearbeiten und bestellen lassen, wenn er im Herbste vernünftig behandelt worden wäre. Ist dann endlich die Oberfläche abgetrocknet, so muß ein so fehlerhaft behandelter Boden im Frühjahr zur Saat noch einmal gepflügt werden, wobei die noch vorhandene oberflächliche Feuchtigkeit vollends verschwindet, was wiederum fehlerhaft ist.

Nach trockenen Wintern und in trockenen Frühjahren wird sogar dieses Saatpflügen mangelhaft, weil ein gleichmäßiges

Umlegen der Furchen und ein krümliches Schütten derselben nicht zu ermöglichen ist. Die im Herbste beim flachen Stoppelpflügen vom Pfluge unberührt gebliebene Krumenschicht zerbricht beim hüpfenden Gange des Pfluges in große, trockene, verhärtete Stücke, die sich durch das Eggen nicht zerkleinern lassen, der aufgestreute Same kommt theils unter undurchdringliche Schollen zu liegen, theils bleibt er unbedeckt. Fällt dann eine anhaltend trockene Witterung ein, so ist die Mißernte im Sommergetreide sehr natürlich, Arbeit und Same ist verschwendet, und von einem Reinertrage kann nicht die Rede sein. Noch schlimmer sind aber die Folgen, wenn die Stoppeln des Winterhalmgetreides vor Winter gar nicht umgepflügt wurden.

Wenn Thonboden bearbeitet werden muß, sagt die alte Bauernregel: „durch Pflügen in der Nässe wird der Thonboden vergiftet,“ und „Für Thonboden ist der Frost der beste Ackersmann.“ Doch schadet das Pflügen dieses Bodens im Herbste im nassen Zustande weniger als im Frühjahre, weil das Wasser, von welchem alle Erdtheilchen dieser Bodenart durchdrungen sind, sich beim Gefrieren ausdehnt und zwischen den Bodentheilchen sehr feine Zwischenräume von Eis bildet, die nach dem Aufthauen den natürlichsten und zweckmäßigsten Grad von Porosität hinterlassen. Dagegen hat jedes Pflügen des Thonbodens im Frühjahre bei zu großer Nässe oder im Sommer bei zu großer Trockenheit jedesmal nachtheilige Folgen. Lockerem Sandboden ist, wie schon erwähnt, ein wiederholtes Pflügen nur schädlich, weil es den Hauptfehler dieser

Bodenart noch vermehrt und viele Pflanzennahrungsstoffe ungenutzt verflüchtigen läßt.

Wann zum Sommergetreide zu pflügen ist, bedarf nach dem Bisherigen nur einer kurzen Erörterung. In den meisten Fällen ist es hinreichend und zweckentsprechend, die in vollkommener Tiefe gegebene Herbstfurche im zeitigen Frühjahre zu eggen, um die Samen der Unkräuter zum Keimen und Aufgehen zu bringen, die örtlich beste Bestellzeit abzuwarten, den Samen aufzusäen und mit dem Exstirpator unterzubringen. Hiergegen könnte vielleicht der Eine und der Andere von euch einwenden, daß bei ihm gerade umgekehrt verfahren wird, daß das Gerstenfeld nämlich im Frühjahr gewendet und dann noch zur Saat gepflügt wird. Bei sehr kaltflüssigen Bodenarten und in Gegenden, wo die Gerste gewöhnlich erst Anfangs Mai ausgesäet wird, mag dies allerdings nützlich und ein nochmaliges Pflügen nothwendig sein; man berücksichtige aber auch dabei, daß der Boden während der Monate März und April die „Gahre" erreicht hat. Wenn ein Landwirth aber ohne Noth milden, lockeren Boden und sogar bei trockener und heißer Witterung diese herkömmlichen zwei Pflugfurchen nicht selten sogar kurz hinter einander gibt, gleichsam um mit Gewalt die wenige im Boden noch vorhandene Feuchtigkeit auszutreiben und die Bodentheilchen außer allen Zusammenhang zu bringen, so kann solch widersinniges Verfahren nur bitter gerügt werden, denn der Boden wird dadurch niemals in einen fruchtbaren Zustand und zur Erzeugung einer gesegneten Ernte gebracht werden.

Aus dem Vorstehenden geht genügend hervor, daß auch das Brachfeld, wo solches noch gehalten wird, vor Winter zu pflügen ist, damit der Boden in rauher Furche den Winter über den Witterungseinflüssen ausgesetzt ist. Das Brachfeld bis zum Monat Mai und Juni und oft noch länger in Stoppeln liegen zu lassen, um es vielleicht zur Schafweide zu benutzen, ist der tollste Mißbrauch guten Bodens und kann höchstens bei sehr lockerem Sandboden gut geheißen werden, dem durch das Beweiden der ruhenden Stoppel größerer Zusammenhang gegeben wird. Ueberdies ist die Brache ganz gegen die neueren Grundsätze der Landwirthschaft und bei guter und reichlicher Düngung des Bodens, bei sorgfältiger Bearbeitung desselben und einer verständigen Fruchtfolge ganz überflüssig und nur ausnahmsweise da zu gestatten, wo der Boden in sehr niedrigem Preise steht, die Bevölkerung schwach und der Absatz der Produkte schwierig ist. Die wachsende Bevölkerung und die Vervollkommnung der landwirthschaftlichen Betriebsmittel werden nach und nach die Brachhaltung ganz beseitigen.

Der zweite Hauptfehler in der Bodenbearbeitung betrifft das zu seichte und oberflächliche Lockern und Lüften des Bodens; noch gar viele Landwirthe, und besonders kleinere Bauernlandwirthe, bearbeiten ihren Boden nicht tief genug und verkennen die überaus großen Vortheile einer tiefen Bodencultur, von welcher das Sprüchwort sagt: „Je tiefer die Cultur, desto sicherer die Ernte.“

In allen denjenigen Gegenden und Ländern, in denen die

Bodencultur auf einer höheren, ausgebildeteren Stufe steht als durchschnittlich bei dem deutschen Bauernlandwirth, und wo man in der Landwirthschaft rationell fortschreitet, trachtet jeder Landwirth danach, seine Ackerkrume nach und nach fortschreitend zu vertiefen. Daß in dieser Hinsicht besonders der deutsche bäuerliche Landwirth den Anforderungen einer rationellen Bodentur nicht entspricht, mag einestheils seinen Grund in der Unkenntniß der großen Vortheile und anderntheils darin haben, daß die Tiefcultur oft verkehrt ausgeführt worden ist, dann wohl nachtheilig auf die nächste Ernte eingewirkt hat und nun verschrieen wurde. Darum sei zuerst auf die überaus großen Vortheile der Tiefcultur hingewiesen, und dann mögen Winke folgen, die bei einer vorzunehmenden tieferen Bodenbearbeitung zu beachten sind.

Bei tiefer Ackerkrume können die Pflanzen tiefer wurzeln, finden darum mehr Nahrung, bilden daher stärkere Stöcke, treiben stärkere Stengel und Halme, die sich weniger niederlegen; sie finden bei trockener Witterung in der Tiefe mehr Feuchtigkeit als oben, da diese sich meistens verzehrt und verflüchtigt. Dagegen kann auch bei zu vielem Regen und sonstiger Nässe und bei undurchlassendem Untergrunde das Wasser sich mehr in die gelockerte Tiefe ziehen, so daß die nachtheilige Einwirkung der Nässe auf das Pflanzenwachsthum vermindert wird. Es werden ferner durch eine tiefere Bearbeitung des Bodens mehr mineralische Bestandtheile desselben den Einwirkungen der Atmosphäre ausgesetzt, es können daher auch mehr davon verwittern und den Pflanzen zur Aufnahme zugängig werden. Eine tiefe Bodencultur ist zugleich das beste und sicherste Mittel, das Unkraut zu vertilgen; flache und seichte Ackerkrume öffnen erfahrungsmäßig demselben Thor und Thür. Ein recht verunkrautetes und verquecktes Ackerstück bringt schlechte Ernten und schmälert den Reinertrag. Getreide oder andere Körnerfrüchte mit Unkrautsämereien werden weniger gern gekauft und geringer bezahlt als reine Früchte; also Verlust auf Verlust. Diese Nachtheile aber erwachsen dem nicht, der seinen Boden sorgfältig bearbeitet und eine tiefe Cultur einführt, denn dadurch wird das Unkraut zerstört und der Ertrag der Ernte gesichert und vermehrt.

„Aber", dürfte der zweifelnde Bauer fragen, „wodurch kann dieses bewiesen werden, und werden nicht sehr oft durch eine tiefere Bearbeitung des Bodens Mißernten herbeigeführt?" — Wäre an den Mißernten die tiefe Bodencultur schuld, mein Lieber, so müßten sich ja auch jahraus jahrein Mißernten bei den Erträgen des sehr oft tief gegrabenen Gartenlandes herausstellen, und dies geschieht doch nicht; im Gegentheil hat der fleißige Gärtner bei seinem tief gegrabenen Gartenboden viel weniger Mißernten als der faule Landwirth bei seichter und oberflächlicher Beackerung seines Ackers. An der Mißernte ist nicht die tiefe Bodencultur schuld, sondern die verkehrte und unverständige Ausführung derselben. Man müßte bei solcher Annahme aber auch auf den folgerichtigen Gedanken kommen, daß eine zwei Zoll tiefe Bodenbearbeitung besser sei als eine drei Zoll tiefe; daß ferner ein Zoll tief geackert besser sei als zwei Zoll tief geackert, und daß es dann am allerbesten und zweckmäßigsten wäre, jede, auch nur 1/4 Zoll tiefe Bodenbearbeitung zu unterlassen und den Samen auf unbearbeitetes Land zu säen, was gewiß keinem Landwirth einfallen wird.

Beobachtet doch die Anlagen neuer Straßen, wo starke Auffüllungen stattfinden, die nur aus sogenanntem „todten" Boden bestehen; die Böschungen werden mit Luzerne, Esparsette, Hafer, Wickfutter u. dergl. Futterpflanzen angesäet, und sie gedeihen vortrefflich, eben aus dem Grunde, weil der Boden gelockert ist. Beobachtet ferner die Anlage eines Hopfengartens oder Weinberges, wo der Boden einige Fuß tief umgegraben, die obere Ackerkrume in den Grund geworfen und obenauf ebenfalls nur todter Boden gelegt wird; alle in solchem Boden gebauten Früchte wachsen und gedeihen vortrefflich. Das sind freilich allbekannte Sachen, die man alle Tage wahrnehmen kann, wenn man nur will; aber man will eben nicht. Es ist freilich leichter und bequemer, nur einen Zoll tief den Boden zu bearbeiten als einen Fuß tief, aber die Folgen davon bleiben auch nicht aus, und reichliche Ernten werden nie erzielt.

Um zu einer tieferen Bodencultur überzugehen, überstürzt euch aber nicht und geht vorsichtig zu Werke. Nehmt sie da vor, wo die Bodenverhältnisse sie gestatten. In lockerem, sandigem Boden unterlaßt sie; zur Unmöglichkeit wird sie ferner da, wo oftmals die Ackerkrume selbst nur 4—5 Zoll hoch auf steinigem Untergrund liegt, wie dies namentlich an Anhöhen und in Gebirgsgegenden der Fall ist. Auch ist bei der Tiefcultur wohl zu unterscheiden das fortgesetzte tiefere Bearbeiten des Bodens durch den Wendepflug und das bloße Lockern und Vertiefen desselben mittelst des Untergrundpfluges. In den meisten Fällen erreicht ihr die angegebenen Vortheile der tieferen Bodenbearbeitung am leichtesten bei Anwendung des Untergrundpfluges. Ferner benutzt zu diesem Zwecke den Anbau der Hackfrüchte. Gerade bei diesen Früchten ist eine tiefere Lockerung des Bodens ohne besondere Kosten und Mühe zu bewirken. Das Behacken und Behäufeln der Kartoffeln und Runkeln, das Herausgraben oder Herauspflügen derselben und anderer tiefwurzelnder Rübensorten bietet zur Vertiefung der Ackerkrume treffliche Gelegenheit; denn hierbei wird oft ein Merkliches vom Untergrunde der Ackerkrume beigemischt und so der Boden, ohne daß man es will, tiefer bearbeitet. Erfahrungsmäßig gedeihen aber auf einem so bearbeiteten Boden die darauf folgenden Sommerfrüchte, sowie der unter dieselben gesäete Klee, viel besser und sicherer.

Treffliche Gelegenheit zu einer Vertiefung der Ackerkrume bietet ferner der Umbruch der Stoppeln tiefwurzelnder Gewächse, wie Klee, Esparsette, indem diese Pflanzen durch ihre tief in den Boden eindringenden Wurzeln den Untergrund schon einigermaßen in fruchtbaren Boden umwandeln. Bleibt ferner der Acker den Winter über in rauher, offener Furche liegen, so gebt der Pflugfurche vor Winter eine größere Tiefe, denn dem heraufgebrachten Untergrunde werden durch die äußere Einwirkung der Atmosphäre und der Witterung so viel düngende Stoffe zugeführt, und die unlöslichen Nahrungsmittel dabei so in lösliche und den Pflanzen zugängliche Stoffe verwandelt, daß ohne allen Nachtheil eine tiefere Bodenbearbeitung stattfinden kann. Könnt ihr dieser dann auch mit guter Düngung zu Hülfe kommen, so verschwinden alle Gefahren vor Mißernten, wohl aber ist die segensreiche Folge von solch einer Bearbeitung des Bodens schon bei der nächsten Ernte recht sichtbar.

Die Entwässerung des Bodens durch Drainiren.

Der lohnende Reinertrag eines Grundstückes wird gar oft dadurch geschmälert und zu nichte gemacht, daß ein solches an Nässe leidet. Nässe ist eine Hauptursache, daß so viele Grundstücke nach Güte und Menge einen sehr schlechten Ertrag liefern (in nassen Jahren oft reine Mißernten), indem der Dünger nicht anschlägt, vielmehr von dem Grundwasser ausgelaugt wird, der Boden nicht sorgfältig und zur rechten Zeit bestellt werden kann, und daß nach einer schlechten Vorfrucht in der Regel die Nachfrucht ebenfalls nicht viel werth ist. Auf die Trockenlegung nasser Grundstücke legt deshalb der verständige Landwirth große Sorgfalt, denn erstere können dadurch zu hohen Erträgen gebracht werden, so daß sich ihr Werth in kurzer Zeit verdoppeln, ja verdreifachen kann. Diese Trockenlegung nasser Grundstücke ist aber auch noch ein fauler Fleck in der Bodencultur des deutschen Bauernlandwirthes; denn wenn auch wohl hier und da von Einzelnen recht Erfreuliches hierin geleistet worden ist, so kann doch im allgemeinen nicht geleugnet werden, daß die große Mehrzahl der kleineren bäuerlichen Landwirthe den Schaden der Nässe auf das Pflanzenwachsthum nicht sehr hoch anschlägt, ja oft gar nicht erkennt, und daß sie Kosten und Mühen für solche Bodenverbesserungen scheuen. Ginge freilich das Grundwasser, dieser ärgste Feind des Landwirths, umher wie ein brüllender Löwe, oder führe es mit Donnergetöse, Hagelwetter und Wolkenbruch in eure Saaten, dann würde wohl eher gegen dasselbe angekämpft werden; so aber sitzt dieser Dämon still und ruhig unter der Erde, spottet eures Fleißes und eurer Mühe und arbeitet im Stillen fortwährend, Sommer und Winter, in tausendfacher Weise darauf hin, jeden Ernteertrag zu schmälern und zu verringern. Nur zu Zeiten läßt er sich einmal sehen und guckt hämisch aus den moosbedeckten Wiesen und glänzenden Ackerfurchen hervor. — Man kann in der That einem Landwirth, und wenn er nur einen Morgen Landes besitzt und derselbe an Nässe leidet, keinen bessern und segensreichern Rath geben, als sein Grundstück trocken zu legen oder, wie man gewöhnlich und kürzer sagt, zu drainiren. Besonders ihr kleinern Landwirthe solltet diese Bodenverbesserung nicht unterlassen; ihr könnt ja mittelst des Spatens die Erdarbeiten dabei selbst ausführen und euch selbst die Röhren legen, wenn ihr Kenntniß in dieser Sache und besonders bei einer Drainirung schon gearbeitet habt. Die Ausgabe für Röhren ist nur eine geringe und macht sich gleich im ersten Jahre doppelt und vierfach bezahlt; denn das trockengelegte Grundstück wird fruchtbarer, der Boden lockerer, die Ernteerträge reichlicher, somit der Reingewinn größer, und der Gräber braucht sich beim späteren Graben nicht mehr so auf die Spatenkrücke zu hängen wie früher, da ihm nach dieser Arbeit „alle Rippen im Leibe wehe thaten." In der That, die Drainage ist eine der segensreichsten und nützlichsten Erfindungen der Neuzeit; sie hat nicht allein ein spezielles Interesse für den Landwirth, sondern für die ganze Menschheit, weil sie es dahin bringen wird, daß die Produktion der so unentbehrlichen Lebensmittel gleichen Schritt mit der Zunahme der Bevölkerung hält.

Wie nun Drainirungen anzulegen sind, was Alles dabei zu beobachten ist, das hier genau anzugeben, würde für dieses Schriftchen zu lang sein und ist ja auch nicht der Zweck desselben; es soll nur durch diese Zeilen die Lust und Liebe zu dieser Bodenverbesserung geweckt und gefördert werden, damit das Drainiren auch unter euch kleineren Bauernlandwirthen bald allgemeiner werde. Wie der Einzelne die Drainage auf seinen Grundstücken anzulegen hat, das ist eines Jeden eigene Sache; ist nur erst Lust und Liebe und guter Wille da, so wird man schon Mittel und Wege finden, die Ausführung in zweckmäßigster Art nachfolgen zu lassen. Wohl aber sollen, um diese Lust und Liebe zur Sache zu wecken und zu fördern, die überaus großen Vortheile der Trockenlegung nasser Grundstücke durch das Drainiren noch näher dargethan werden. Ein bewährter Landwirth schreibt darüber Folgendes:

Wenn im Frühjahre, sobald der Pflug die erste Furche gestürzt hat, des Sonntags auf den Kirchwegen die Landwirthe, welche hauptsächlich schweren Lehmboden drainirt haben, zusammentreffen, so erzählen sie sich freudig: der Pflug gehe leicht durchs Land, der Acker sei im Grunde mürbe, weil es den vergangenen Winter nicht viel gefluthet habe 2c. Ganz richtig, es hat nicht viel gefluthet, d. h. es hat im Laufe des Winters nicht so viel und oft geregnet, daß die Aecker gleichsam im Wasser schwammen, und deswegen sind sie, so weit die Ackerkrume geht, locker, weil der Frost auf die mehr trockne Ackerkrume einwirken und dieselbe mürbe machen konnte. Denn gibt's auch Winter mit strengem Froste, schwimmt der Acker aber gleichsam im Wasser, und ist die Ackerkrume eben vor Beginnen des Frostes ganz voll und gesättigt von Wasser gewesen, so dringt der Frost allerdings auch in die Erde hinein, allein er macht dann den Acker nicht mürbe, weil die Ackerkrume mit dem darin befindlichen Wasser nur zu einer Eisbank gefriert. Thauwetter löst diese Eisbank wieder auf, die Ackerkrume aber bleibt steif und zähe, der Frost hat sie nicht auflockern können. Die Landwirthe, welche im Frühjahre freudig erzählen, daß sie ihren Lehmacker mürbe finden, wissen diesen Vortheil wohl zu würdigen, wenn der lockere Acker ihnen die Bestellarbeiten erleichtert, während sie statt vier Pferden dann nur zwei vor den Pflug zu spannen brauchen, woneben dann die Aussichten auf eine gute Ernte noch besonders in die Wagschale fallen.

Aber nun seht einmal zu, ihr lieben Landwirthe, die ihr bisher das Drainiren noch als eine unnütze Neuerung ansahet und demselben noch keinen rechten Glauben abgewinnen konntet, was bringt das Drainiren für einen lehmigen Acker mit Pieklehm-Untergrunde? (Man erlaube diesen Ausdruck; Pieklehm, vom Pech des Schusters hergenommen, ist hier ein zu gebräuchliches Wort.) Habt ihr euern Acker mit Pieklehm-Untergrunde im Herbste nach Bestellung eurer anderen Ländereien drainirt, so zieht sofort das Grundwasser ohmweise vermittelst der gelegten Röhren ab, und fällt dann gegen Winter Regen ein, so zieht das Wasser gleich durch die Ackerkrume in den trockengelegten Untergrund weiter und läuft dann beständig, besteht der Untergrund auch aus dem zähesten blauen und gelben Pieklehme, von da durch die unterliegenden Röhren fort. Folgt nun auch auf einen Regen, wie das öfters geschieht, plötzlich Frost, so ist schon während dieses Wechsels das gefallene Regenwasser wenigstens aus der Ackerkrume fort nach unten gezogen, und ehe dann der tiefer dringende Frost an den Untergrund kommt, ist auch von dort das Wasser bereits durch die Röhren fortgelaufen. Der Frost trifft somit auf euren drainirten Aeckern nur trockenen Ober- und Unterboden, und was das Wichtigste ist, nicht allein die Ackerkrume macht er locker, sondern auch den zähen Untergrund lockert er von Jahr zu Jahr auf und macht somit euren Acker tiefgrundiger.

So wirkt im Winter der Frost auf euren drainirten Aeckern; ebenso wirkt auch der Sommer mit seinen Sonnenstrahlen und den immer tiefer gehenden Pflanzenwurzeln auf die Lockerung eines schweren Bodens hin — und das besser noch und nachhaltiger, als solches der praktische Untergrundpflug vermöchte.

Ihr hattet bisher, lieben Landwirthe, nur schwache Hoffnung im Frühjahre auf einen lockeren, mürben Acker; sobald ihr aber euern Acker drainirt, habt ihr alljährlich volle Gewißheit. Und welch einen Vortheil bringt ein stets trockener und lockerer Acker hinsichtlich einer früh möglichen und leichteren Beackerung, und wie wichtig ist es, daß die junge Saat bei plötzlichem Wechsel der Witterung im Winter im Eise nicht gleichsam zufriert.

Das Drainiren bringt den Nutzen, daß der Untergrund von Jahr zu Jahr auch noch durch das tiefere Hineindringen der Pflanzenwurzeln mehr aufgelockert wird. Dazu kommt dann noch der wesentliche Vortheil, daß auf drainirten Ländereien die Pflanzen eine Masse von Nahrungsstoffen in dem Unterboden finden, zu denen sie zuvor des Grundwassers wegen nicht kommen konnten. Drainirte Aecker bedürfen aus diesem Grunde in den ersten Jahren weniger Dünger und tragen dennoch bessere Früchte als bisher bei doppelter Düngung. Wer diese Behauptung bezweifeln möchte, kann sich die Ueberzeugung davon leicht verschaffen, wenn er z. B. einen Theil seiner feuchten Wiese drainirt, wo, ohne daß irgend Dünger darauf gebracht wurde, das Gras dichter und länger wächst.

Auf drainirten Aeckern, lieben Landwirthe, nützt euch auch das frühe Aussetzen der Kartoffeln, denn sie kommen nun gleich aus der Erde heraus, da im Frühjahre eher Wärme in den Acker kommt, und haben bereits volle Knollen angesetzt, wenn im Sommer die Krankheit erscheint, was doch sicher von der außerordentlichsten Wichtigkeit ist, falls die Kartoffelkrankheit für die Folge nicht ganz wieder verschwinden sollte. Auch haben die beim Kochen steifen und wässerigen, auf nassem Acker erwachsenen Kartoffeln lange nicht die Masse von Nahrungsstoff in sich, als die beim Kochen mehligen, auf trocknem Acker erwachsenen. Gerste, die euch so oft mißrieth, ist auf drainirten Aeckern nun eine sichere Frucht geworden, und Luzerne und andere Futterkräuter zu der so vortheilhaften Einführung einer ganzen oder theilweisen Stallfütterung werdet ihr dann auf euren drainirten Aeckern mit eben der Gewißheit ziehen können als die Landwirthe in jenen Gegenden, wo die Aecker vermöge des wasserdurchlassenden Untergrundes stets trockner und wärmer sind. Auch die Runkelrübe, ein so herrliches Winterfutter für das Vieh, sofern ihr dieselbe im Sommer nicht fortwährend entblättert und ihrer Wurzel dadurch allen Zucker entnehmt, indem dieser Hauptnahrungsstoff der Runkelrübe durch das stete Treiben neuer Blätter entzogen wird — auch die Runkelrübe werdet ihr fortan auf euern drainirten und allmählich tiefgrundiger werdenden Aeckern mit Vortheil anbauen können. Es wird die Runkelrübe dann ihre Wurzel in die Erde hineintreiben, statt, wie hier gewöhnlich der Fall ist, dieselben eine halbe

Elle lang über der Erde dem Auge zu zeigen, wodurch in Folge von äußern Einwirkungen das über die Erde hervorragende Ende der Wurzel an Nahrungsgehalt verliert.

Daß ihr im Frühjahr um mehrere Wochen früher auf euren drainirten Aeckern die Aussaat beginnen könnt, bringt euch neben so manchem anderen Vortheil auch noch den weitergreifenden Nutzen, daß eure Ernten in Folge der frühern Aussaat, namentlich aber in Folge des rascheren Wachsthums der Pflanzen, um mehrere Wochen eher beginnen als bisher; ihr könnt daher um die Zeit, wo ihr bisher noch mit dem Einernten beschäftigt waret, euer Korn schon zu Markte bringen und den höchsten Preis dafür einstecken und dann später zur gehörigen Zeit an die Herbstaussaat gehen, wobei das Sprüchwort zu berücksichtigen ist: „Frühe Saat betrügt selten, späte aber sehr oft.“ Das Alles bewirkt das Drainiren, und nun zum Schluß noch einige Beispiele aus der Praxis.

Ein Plan von sechs Morgen lehmigen Sandbodens mit Quellsand-Untergrund wurde Ende November vorigen Jahres drainirt und das aus den Röhren fließende Wasser Mitte Februar dieses Jahres nach einem mehrtägigen Regen genau gemessen. Das Resultat war folgendes: Es flossen um die Zeit, in der die Messung vorgenommen wurde, und zwar einen halben Tag, nachdem es aufgehört hatte zu regnen, aus diesen sechs Morgen

in 1 Minute 50 Quart,
in 1 Stunde 3000 Quart,

und wenn nun für die nächsten 24 Stunden kein vermindertes Ausfließen angenommen werden kann,

in 24 Stunden 72,000 Quart oder 600 Ohm.

Aus einem anderen drainirten Grundstücke floß nach genauer Messung aus 6 Drainsträngen

in 1 Minute 54 Quart,
in 1 Stunde 3240 Quart,
in 24 Stunden 648 Ohm

und erst am fünften Tage, nachdem also 3420 Ohm Wasser herausgeflossen waren, minderte sich der Abfluß um ein Geringes. Alles dieses Wasser saß von der Tiefe der gelegten Röhren bis an die Oberfläche des Ackers gleich einer Wassersäule hinaufgestauet, trotzdem ein fast drei Fuß tiefer Abzugsgraben schon seit Jahren an dem Grundstücke hinlief.

Ein zuverlässiger Landwirth erzählt über die Fruchtbarkeit drainirten Bodens Folgendes:

„Ich habe lange keinen so rechten Glauben an das Drainiren gehabt; nun aber habe ich mich von dem überaus großen Nutzen desselben überzeugt. Ich habe in diesem Jahre von einem versuchsweise drainirten Ackerplan, welcher zehn Morgen groß ist, prächtige Gerste bekommen. Während ich früher von diesem undrainirten Plane schlechte, leichte und flache Früchte bekam und Stroh, das mit Disteln jeder Art vermischt und daher nicht viel werth war, habe ich heuer eine gesegnete Ernte gehalten; früher bekam ich vom Morgen dieses undrainirten Bodens höchstens 5 Scheffel, also im Ganzen 50 Scheffel Gerste, wie ich dies durch meine Wirthschaftsbücher nachweisen kann; in diesem Jahre hat der Morgen 15 Scheffel, also der ganze Ackerplan 150 Scheffel Gerste getragen. Berechnet man den Scheffel zu 2 Thaler, so hat mir der drainirte Ackerplan in diesem Jahre 200 Thaler mehr eingebracht als er früher ergab, und dabei habe ich noch schönes Stroh als Futter für mein Vieh bekommen."

Gehe hin und thue desgleichen!

Verbesserung des Bodens durch Vermischung mit Erde.

Als eine andere, besonders von euch, ihr kleineren Landwirthe, sehr zu beachtende Bodenverbesserung ist das Vermischen des Bodens mit Erde zu erwähnen.

Von dem fleißigen altenburger Landwirth hört man gar oft den Ausspruch: „Die Karre Erde mag halbwegs sein, so ist sie einen guten Groschen werth, folglich muß sie aufs Land;" und wer im Altenburgischen nicht Erde fährt, wird eben nicht für einen guten Landwirth gehalten. Der Altenburger weiß recht gut, daß durch das Auffahren von Erde die Eigenschaften des Bodens verbessert und die Kraft desselben vermehrt wird. Was aber dieser in solcher Hinsicht thut, das sollt ihr Anderen auch nicht unterlassen, zumal ihr kleineren Landwirthe, die ihr keine Aussicht habt, euern Grundbesitz durch Ankauf von Land vergrößern zu können, und die ihr darum nur fortwährend auf das Verbessern eures Bodens bedacht sein müßt. Es ist daher um so mehr zu bedauern, daß man in manchen

Gegenden geradezu gegen diese Bodenverbesserung ist. Aber in der That, ihr Landwirthe solltet jede Gelegenheit benutzen, Erde zu sammeln und dieselbe entweder auf eure Felder fahren oder sie zur Bereitung von Mengedünger benutzen oder zum Ueberstreuen des Mistes auf der Düngerstätte verwenden. Ihre Verwendung in Schaf- und Rindviehställen ist schon erwähnt worden.

Als besonders gute Erde ist die Erde von Anwänden zu betrachten. An solchen Stellen häuft sich gewöhnlich fruchtbare Erde durch das Pflügen und Eggen an; ein verständiger Landwirth hebt sie ab und verbessert damit seinen Boden. Eine sehr gute Erde hierzu erhält man auch durch Anlegung sogenannter Erd- und Schlammfänge. Dies sind Gruben, welche man 4—7 Fuß tief an der niedrigsten Stelle eines Grundstückes anlegt und nach dem Acker zu seicht auslaufen läßt. In solche Gruben werden alle Abzugs- und Querfurchen geleitet, und in ihnen sammelt sich dann die von Regengüssen und Thauwetter abgeschwemmte, mit Düngerstoffen reichlich geschwängerte, fruchtbare Ackerkrume, setzt sich ab und kann dann bequem dem Grundstücke wiedergegeben werden. Ohne solche Gruben wird gar viele gute Erde, vorzüglich bei abschüssiger Lage eines Grundstückes, ungenutzt fortgeschwemmt.

Beim Anlegen solcher Erd- und Schlammfänge ist darauf zu sehen, daß der Graben zum Ausfluß des Wassers aus denselben nicht den einmündenden Wasserfurchen gegenüber angelegt wird, sondern der ungefähr $1/2$ Fuß tiefe Abzugsgraben muß mit den Wasserfurchen einen Winkel bilden. Dadurch wird ein Drehen des Wassers im Schlammfange bewirkt, wodurch sich die erdigen Theile mehr und besser absetzen.

Ueber die Wichtigkeit solcher Schlammfänge und ihren Nutzen sagt das Amts- und Anzeigeblatt pro 1858 Folgendes:

„Wesentlich werthvolle Düngestoffe werden den Bächen, den Flüssen, dem Meere zugeführt und sind mithin für die Landwirthschaft verloren. Sie entspringen aus den Städten, welche sich derselben auf dem einfachsten Wege zu entledigen suchen und sie wo möglich in das nächste Wasser leiten, aus den Dörfern, deren unzweckmäßige Düngerstätten das hauptsächlichste Material liefern, oder sie werden von den Feldern durch Regengüsse abgewaschen und fortgeschwemmt.

Die Massen dieser Düngestoffe erkennt man an ihrem Abfließen, an den Ausgängen der Schleußen, an den Ufern der Wässer, oder wo sie sonst sich niederschlagen oder aufgefangen werden; ihr Werth geht sowohl durch die Wissenschaft, die sie scheidet, als auch aus dem praktischen Nutzeffect hervor."

In Belgien verwendet man allgemein Erde zum Ueberdüngen der Wintersaaten, und zwar nicht nur bei mageren Feldern, sondern auch bei solchen, die in gutem Kraftzustande stehen. Die Erde dazu wird jedoch zu diesem Zwecke nicht besonders herbeigeführt, sondern man nimmt sie vom Fruchtfelde selbst, indem man die Furchen mit dem Spaten $^1/_2$—1 Fuß tief aussticht und die gewonnene Erde auf dem Acker umherstreut. Diese Arbeit, die vorzüglich bei dem Wintergetreide und auch bei den Winterölfrüchten zur Ausführung kommt, wird meist im Herbste, seltener im Frühjahre vorgenommen. Durch dieses sehr empfehlenswerthe Verfahren kommen nicht nur die Saaten mit frischer Erde in Berührung, in welcher sie aufs Neue Wurzel zu fassen vermögen, wodurch ein kräftiges Wachsthum sehr befördert wird, sondern durch das tiefere Ausgraben der Beetfurchen wird zugleich auch für die Entfernung des überflüssigen Wassers gesorgt.

Zur Verbesserung des Bodens, wenn dir dies auch nicht gleich einleuchtend vor den Augen steht, und zur Erreichung des größtmöglichen Reinertrages trägt auch das bei, daß Grund und Boden frei von Schulden ist, und darum sollen auch hierüber einige wohlgemeinte Winke gegeben werden.

Es gibt Landwirthe, die wohl 30—50 und mehr Morgen Landes haben, dasselbe ist aber zur Hälfte oder zum größeren Theile verschuldet und verpfändet oder, wie der Bauer sagt, verschrieben. Nun gibt es aber in der That nichts Einfältigeres als solch' eine Wirthschaft, denn die Interessen für die vorhandenen Schulden, sowie die übrigen Steuern und Abgaben, welche auf dem Boden ruhen und die alljährlich entrichtet werden müssen, nehmen häufig den ganzen Ertrag der verschuldeten Länderei weg, und da bleibt dem Besitzer für seine Arbeit und Mühe oft nur sehr wenig oder gar Nichts. Kommen dann einmal Hagelschlag, Mißwachs oder andere Unglücksfälle über einen solchen Wirthschafter, so sieht's schlimm aus; die Interessen und Abgaben können nicht entrichtet werden, die

Gläubiger werden von einer Zeit zur anderen getröstet, indem man hofft, es soll besser werden. Es wird aber nicht besser, sondern schlimmer, und die Wirthschaft geht ihrem Untergange entgegen. Es gibt ein Sprüchwort, das heißt: „Was hilft dir das schönste Weizenfeld, wenn der Gläubiger den Kuchen davon schon zwischen den Zähnen hält!" Das schreibt euch, ihr Landwirthe, die ihr vielleicht in solchen Verhältnissen lebt, hinter die Ohren; es ist darum gesperrt gedruckt worden.

Es wäre für solche Landwirthe viel besser und zweckmäßiger, wenn sie von ihrer verschuldeten Länderei so viel verkauften, daß der übrig bleibende Theil schuldenfrei würde. Dadurch könnten sie sich zugleich mit ihren Arbeitskräften, mit ihrem Dünger und sonstigen Hülfsmitteln auf einen kleineren Bodenraum beschränken, ihn besser und sorgfältiger bearbeiten, ihn also überhaupt verbessern und so auf reichlichere Ernten hoffen. Diese bringen aber einen größeren Reinertrag als karge, schlechte Ernten, und den kleinern Besitz hat dann ein solch schuldenfreier Landwirth für sich allein und braucht ihn nicht einem Andern auf Interessen u. dergl. zu überlassen. Bei solchem Verfahren hat dann ein solcher Landwirth auch weniger andere Abgaben und Lasten, ist daher weniger von Sorgen gedrückt, hat ein heitereres und froheres Gemüth und kann getrost und ruhig am Abend nach schwerem Tagewerk sich mit dem Bewußtsein niederlegen: Niemandem Etwas schuldig zu sein. Das ist aber ein beseligendes Gefühl, und wohl dem, der's hat.

So ist denn auch der Verkauf verschuldeter Länderei ein Mittel, und zwar kein geringes, wie und wodurch ihr Landwirthe den höchsten Reinertrag, und zwar für euch selbst, aus eurer Wirthschaft zieht, und aus diesem Grunde mußte es hier mit erörtert werden.

Fruchtwechselwirthschaft.

Der größte Theil der Bauernlandwirthe huldigt noch immer einem Wirthschaftssysteme, das vollen Tadel verdient, indem durch dasselbe bei den jetzt obwaltenden Verhältnissen der höchst mögliche Reinertrag nachhaltig aus dem Betriebe der Landwirthschaft nicht zu erzielen ist. Wie bereits erwähnt, macht jetzt jeder Stand höhere Ansprüche an das Leben, so auch der des Landwirths. Die Bestreitung dieser Ansprüche soll und muß aber der Boden decken, folglich verlangt man jetzt auch mehr von ihm als früher; man will jetzt mehr von ihm ernten, wenn möglich doppelt und dreifach, was aber durch die sogenannte Dreifelderwirthschaft nicht möglich wird. Darum sind auch die Grundsätze dieser nunmehr veraltet, und es ist deshalb bewährter Grundsatz der neuern Landwirthschaft, daß auf einem und demselben Feldgrundstücke nie zwei Halmfrüchte nach einander folgen dürfen, wie dies z. B. noch in der Dreifelderwirthschaft stattfindet. Der verständige und mit der Zeit fortschreitende Landwirth ist heutzutage nicht mehr ein Dreifelderwirth, sondern ein Fruchtwechselwirth und sein Wirthschaftssystem die Fruchtwechselwirthschaft. Diese ist gegründet auf die

Erfahrung, daß Gärten und Grabeländereien bei sorgsamer Pflege und guter Bearbeitung alljährlich reiche Ernten liefern, ohne einer Ruhe oder sogenannten Brache zu bedürfen. Was sich aber bei solcher Länderei im Kleinen bewerkstelligen läßt, das muß sich bei richtiger Behandlung auch im Großen herausstellen, so schloß man. Solcher Schluß war richtig, und die Erfahrung zeigt, daß auch das Feldland einer solchen Bewirthschaftungsmethode fähig sei.

Das Wesen der Fruchtwechselwirthschaft besteht aber darin, daß, wie schon erwähnt, nie zwei Halmfrüchte hintereinander angebaut werden, sondern daß ein regelmäßiger Wechsel zwischen Halm-, Hack- und Futtergewächsen stattfindet. Einer Frucht, die den Boden verunkrautet oder verhärtet, folgt eine andere, die denselben wieder reinigt und lockert. Dadurch wird der Zweck erreicht, daß einer jeden landwirthschaftlichen Nutzpflanze der passendste Standort gegeben werden kann, daß das Feld nicht verunkrautet und fortwährend in einem gewissen Kraftzustande erhalten wird.

Durch die Fruchtwechselwirthschaft wird es möglich, den höchsten Reinertrag nachhaltig von dem Ackerbau zu erzielen, indem man freie Hand hat, die den Wirthschaftsverhältnissen am meisten zusagenden Pflanzen zu wählen, diesen vom Düngervorrathe den angemessensten Theil zu geben, die arbeitenden Kräfte auf die verschiedenen Jahreszeiten gleichmäßig zu vertheilen, die vortheilhaftesten Zwischenfrüchte einzuschalten und die einträglichsten Marktfrüchte mit den wohlfeilsten Futterpflanzen zu verbinden. Nur wenige Fälle gibt es, wo die Fruchtwechselwirthschaft mit weniger Nutzen eingeführt werden dürfte, z. B. auf äußerst bindigem Boden, auf sehr steinigem Boden, auf Moor= und Kreideboden. Gegen die Fruchtwechselwirthschaft dürfte aber der Eine und der Andere vielleicht den Einwand erheben, daß durch sie ein großer Ausfall in Körnerfrüchten und Stroh stattfinde. Dieser Einwand ist aber grundfalsch, und wer ihn macht, kennt die Fruchtwechselwirthschaft nicht. Man darf ja nicht den Umfang des Ackerlandes, sondern man muß die Menge und Güte der Früchte, welche darauf erbaut werden, in Betracht ziehen. Dieses allein gibt den Ausschlag. Ihr werdet zugestehen müssen, daß eine größere Wirthschaft, wenn dieselbe unzweckmäßig betrieben wird, einen weit geringern Ertrag liefern wird, als eine kleinere, aber zweckmäßig betriebene Wirthschaft. Wird, wie es z. B. bei der Dreifelderwirthschaft der Fall ist, der Getreidebau zu ausgedehnt betrieben, folgt Halmfrucht auf Halmfrucht, so wird der Boden zu sehr erschöpft und entkräftet, und kann demselben um so weniger wieder aufgeholfen werden, als bei dem ausgedehnten Getreidebau es an Mitteln zur Aufhülfe fehlt. Diese Mittel sind aber vermehrter Futterbau und ein angemessener Viehstand, welche allein den nöthigen Dünger zu liefern vermögen. Ihr könnt also größere Flächen mit Getreide anbauen und doch nur wenig Getreide ernten; dagegen können kleinere mit Getreide bestellte Flächen denselben Ertrag liefern, wie jene größeren. Letzteres wird dann der Fall sein, wenn der Getreidebau nicht zu ausgedehnt betrieben wird, wenn nicht Halmfrucht auf Halmfrucht folgt, sondern wenn neben einem zweckmäßigen Wechsel der Früchte, wodurch allein schon die Bodenkraft sehr geschont wird, möglichst viel solche Gewächse angebaut werden, die zur Fütterung des Viehes, also zur unmittelbaren Vermehrung des Düngers dienen, und die den Boden durch ihre Beschattung und Bewurzelung in einem lockern, mürben, befruchteten Zustande zurücklassen. Dieses ist nur bei der Fruchtwechselwirthschaft der Fall. Indem bei diesem Wirthschaftssysteme viel Futterpflanzen angebaut werden, kann man auch einen angemessen großen Viehstand halten, und man gewinnt von demselben den nöthigen Dünger zur angemessenen Befruchtung des Ackerlandes. Durch einen ausgedehnten Anbau von Klee, Kartoffeln, Erbsen und Wicken wird allerdings die Bodenfläche zum Getreidebau vermindert; aber trotzdem wird man bei der Fruchtwechselwirthschaft von dieser kleineren Fläche eben so viel oder noch mehr Körner ernten, als bei der Dreifelderwirthschaft von einer größern Fläche; denn bei ausgedehntem Futter- und eingeschränktem Getreidebau kann man zu dem Getreide stärker düngen, durch den zweckmäßigen Wechsel mit den Früchteu wird die Bodenkraft sehr geschont, und durch den Futterbau wird das Ackerland gemürbt, gelockert, gereinigt und befruchtet. Hieraus geht genügend hervor, daß bei der Fruchtwechselwirthschaft, wenn auch bei ihr der Getreidebau auf einer kleinern Fläche betrieben wird, als bei der Dreifelderwirthschaft, doch ebenso reiche Getreideernten gemacht werden, als bei dieser. Ueberhaupt ist man über die Vorurtheile, die man früher hegte, alljährlich so und so viel Scheffel Getreide aussäen zu wollen, glücklich hinweg, weil man zu der Ueberzeugung gelangt ist, daß jede andere Frucht, wenn sie glücklich geräth, jenem im Ertrage nicht nachsteht, und daß z. B. ein Morgen gut bestandener Klee bei nicht abnormen Verhältnissen denselben Werth haben kann, als ein Morgen Raps. Haltet nur darauf, daß das, was ihr baut, möglichst sicher und gut steht, und wählt, um dies zu erlangen, vor Allem auch eine zusagende Fruchtfolge.

Aber auch angenommen (jedoch nicht zugegeben), daß bei der Fruchtwechselwirthschaft des ausgedehnteren Futterbaues halber weniger Getreide gebaut würde, als bei der Dreifelderwirthschaft, so würde doch dieser Ausfall an der Einnahme aus dem Getreide reichlich gedeckt werden durch die vermehrten Erzeugnisse der Viehzucht. Daß es ferner bei der Fruchtwechselwirthschaft nicht an den nöthigen Streumitteln fehlen kann, leuchtet auch ein; denn der Fruchtwechselwirth erbaut so viel Futter, daß er das Stroh, welches der Dreifelderwirth bei dem Mangel an Futterstoffen zum großen Theile verfüttern muß, zur Einstreu verwenden kann.

Beim Betriebe der Fruchtwechselwirthschaft ist aber eine genaue Kenntniß des Bodens und der landwirthschaftlichen Nutzpflanzen und ihrer Nahrungsstoffe nöthig, damit man weiß, welche von ihnen die Bodenkraft mehr aufzehren oder sie schonen oder sie bereichert zurücklassen. Auch wechsele man mit seicht und tief wurzelnden Pflanzen stets ab und lasse denjenigen Pflanzen, welche den Boden verhärten, austrocknen und verunkrauten, solche folgen, welche den Boden auflockern und welche behackt werden müssen. Zu ersterem Zwecke dienen folgende Angaben, die auf Thatsachen beruhende Erfahrungen zur Norm haben.

Zu den Pflanzen, welche die Bodenkraft mehr angreifen und aufzehren, gehören alle Halmfrüchte (wie Roggen, Weizen, Gerste, Hafer, Dinkel), die Oelfrüchte (wie Raps, Rübsen), ferner Taback, Wau, Hopfen u. dergl. mehr. Weniger greifen die Bodenkraft an: die zur Reife kommenden Hülsenfrüchte, wie Wicken, Erbsen, Bohnen.

Zu den Pflanzen, welche die Bodenkraft schonen, gehören alle Wurzel-, Knollen- und Kohlgewächse (wie Runkeln, Kartoffeln, Kohlrüben), und die einjährigen grünabzufütternden Futterkräuter.

Zu den Pflanzen, welche die vorhandene Bodenkraft noch vermehren, gehören die ausdauernden Futterkräuter, wie Luzerne, Kopfklee, Esparsette u. dergl. Pflanzen.

Die Fruchtfolge selbst wird aber von der Bodenbeschaffenheit und den örtlichen Verhältnissen des Fruchtwechselwirths bedingt, und herrscht darum in derselben eine gar große Verschiedenheit. Laßt hierbei nie den Grundsatz außer Acht, daß die beste Fruchtfolge die bleibt, welche ohne Benachtheiligung, oder vielmehr bei Erhöhung der Bodenkraft den größten Reinertrag hergibt und bei welcher jeder Feldschlag in der Fruchtfolge den Grad von Fruchtbarkeit und Bodenkraft hat, welchen die auf ihm zu erbauende Frucht zu ihrer vollkommensten Ausbildung braucht, um eine gute Ernte zu geben. Dieses Ziel werdet ihr dadurch erreichen, daß ihr in eure Fruchtfolge eben nur solche Pflanzen aufnehmt, die sich für euern Boden und für euer Klima eignen und unter den vorhandenen sonstigen Wirthschaftsverhältnissen den höchsten Reinertrag gewähren. Solche zu berücksichtigende Verhältnisse sind aber die Absatzverhältnisse der verschiedenen Erzeugnisse; sie sind wohl zu erwägen, um hinsichtlich des Reinertrags eine sichere Rechnung zu haben. Ferner müssen die dem Fruchtwechselwirth in den verschiedenen Jahreszeiten zu Gebote stehenden Arbeitskräfte wohl erwogen werden, damit durch Arbeitsverzögerung bei Mangel an denselben kein Schaden erwächst, oder die Kosten der anderweit entnommenen Aushülfe den Gewinn schmälern; auch der Düngerreichthum kommt wesentlich in Betracht. Wenn eine Wirthschaft den ihr nöthigen Dünger selbst erzeugen muß, dabei aber keine Wiesen besitzt, so ist die Fruchtfolge und Feldeintheilung so zu berechnen und einzurichten, daß besonders der Futterbau darin berücksichtigt wird und daß mittelst desselben die erforderliche Düngermenge hervorgebracht und der Düngerverbrauch durch die Düngererzeugung vollkommen gedeckt wird. Nun einige Fruchtfolgen selbst.

a. 1. Hackfrüchte in starker Düngung; 2. Gerste oder Hafer und Klee eingesäet; 3. Mäheklee; 4. Weizen.

b. 1. Hackfrüchte in starker Düngung; 2. Gerste; 3. Klee; 4. Wintergetreide; 5. Hülsenfrüchte in halber Düngung.

c. 1. Hackfrüchte in starker Düngung; 2. Mohn; 3. Wintergetreide; 4. Klee; 5. Kartoffeln; 6. Sommergetreide.

d. 1. Grünwickfutter in starker Mistdüngung; 2. Raps in Pferchdünger; 3. Winterhalmfrucht; 4. Klee; 5. Kartoffeln; 6. Hülsenfrucht in halber Düngung; 7. Gerste.

e. 1. Hackfrüchte in starker Düngung; 2. Gerste; 3. Mäheklee; 4. Kleeweide; 5. Raps, stark gedüngt; 6. Wintergetreide; 7. Hülsenfrüchte in schwacher Düngung; 8. Sommergetreide.

f. 1. Hackfrüchte in starker Düngung; 2. Gerste; 3. Mäheklee; 4. Weideklee; 5. Raps in starker Düngung; 6. Weizen; 7. Bohnen in gewöhnlicher Düngung; 8. Weizen; 9. Hafer.

g. 1. Kleegrasgemenge zur Schafweide; 2. Winterölfrucht in starker Düngung; 3. Winterhalmfrucht; 4. Hackfrucht, gedüngt; 5. Sommerhalmfrucht; 6. Klee; 7. Kartoffeln; 8. Hülsenfrüchte, gedüngt; 9. Winterhalmfrucht; 10. Sommergetreide.

Noch gibt es 11=, 12= und mehrfelderige Umläufe; allein die angegebenen dürften dem kleinern Buuernlandwirth genügen, und wird statt des gewöhnlichen 1jährigen Kopfklees die Luzerne oder die Esparsette eingeschoben, so ist ersichtlich, daß der Umlauf noch einige Jahre länger dauert.

Was den Anbau der Handelsgewächse betrifft, welche in den aufgeführten Umläufen erwähnt worden sind, so können solche euch kleineren Landwirthen um so mehr empfohlen werden, als ihr dabei euere eigenen Arbeitskräfte am höchsten verwerthen könnt. Es ist überhaupt ein sehr großer Fehler des kleinbegüterten Landwirths und für ihn von wesentlichem Nachtheil, daß er auf seinem kleinen Besitzthume dieselben Pflanzen baut, welche auf größeren Gütern gebaut werden, während er doch den größtmöglichen Reinertrag von seiner Länderei sich nur dadurch verschaffen kann, daß er werthvollere Früchte erzielt, namentlich solche, die zu ihrem besten Gedeihen viel Handarbeit erfordern, welche auf kleinen Flächen leicht in gehörigem Maße in Anwendung gebracht werden kann. Einen sehr großen Vortheil würde der kleinbegüterte Landwirth schon dadurch erreichen, wenn er, statt beständig Getreide zu bauen, öfter Raps, Mohn, Hülsenfrüchte, Krapp, Waid, Wau, Safflor, Hopfen und andere Handelspflanzen ziehen würde, welche in der Regel sehr lohnende Preise haben. Daß dies aber nicht blos ein wohlgemeinter Vorschlag oder Bücherweisheit ist, die in der Praxis sich nicht ausführen lasse, beweist die Erfahrung durch den Anbau der verschiedenartigsten Gemüsepflanzen um Hadelfingen und Wangen, im württembergischen Neckarthale, um Frankfurt a. M., Bamberg, Ulm, Constanz, Erfurt, Gonsenheim, Mombach, in den Vierlanden bei Hamburg; der Anbau des Weißkrautes auf den Feldern zwischen Stuttgart und Tübingen, um Fischerdorf in Niederbaiern, Straßburg; der Zwiebeln um Gochsheim in Franken, Griesheim bei Darmstadt, Zeiskamm und Frankenthal in Rheinbaiern; der grünen Bohnen um Stuttgart, Erfurt und an der Bergstraße; des Grünkohls um Heidelberg; des Meerrettigs um

Niederbühl bei Rastatt, Baiersdorf bei Nürnberg, um Bamberg und Würzburg; der teltower Rüben um Teltow bei Berlin; der einheimischen Gewürzpflanzen, als: Anis, Kümmel, Fenchel, Koriander; des Eibisches um Erlangen; der Kamille im Altenburgischen; verschiedener anderer Arzneikräuter um Sennfeld bei Schweinfurt u. s. f.

Doch ist der Anbau aller dieser Pflanzen nur dann zu rathen und wird nur da mit Gewinn zu betreiben sein, wo Boden und Klima sich für sie eignen und man über den dazu erforderlichen Dünger gebieten kann. Den Anbau solcher Pflanzen in Bodenarten und Klimaten erzwingen zu wollen, welche für diese Gewächse nicht geeignet sind, wäre Thorheit; denn in diesem Falle würdet ihr nur geringe Ernten halten und darum wenig Gewinn von denselben haben. Ebenso fehlerhaft wäre es auch, den Handelgewächsbau in dem Falle betreiben zu wollen, wenn es an dem dazu nöthigen Dünger mangelt. Regel bleibt daher, den Handelgewächsbau nicht eher zu betreiben, als bis man seinen Düngervorrath so weit vermehrt hat, daß Mangel an demselben nicht vorhanden ist, und der Boden so in Kraft steht, daß Halmfrucht Lager befürchten läßt. Beides wird aber nur erreicht durch vermehrten Futterbau. Wollte man aber den Getreide- und Hackfruchtfeldern den nöthigen Dünger entziehen, um ihn zum Anbau von Handelsgewächsen zu verwenden, so wäre dies ein höchst verkehrtes Verfahren, dessen üble Folgen sich nur zu bald und um so mehr zeigen würden, als die Handelspflanzen wohl Dünger, und zwar vielen und guten Dünger, bedürfen, dagegen aber sehr wenig oder gar nichts zur Düngervermehrung beitragen. Sind jedoch die beiden bereits erwähnten Hauptbedingungen zu einem mit Gewinn auszuführenden Handelsgewächsbau vorhanden, nämlich geeigneter Boden und geeignetes Klima einerseits und Düngervorrath andrerseits, dann ist auch dieser Culturzweig mit recht hübschem Gewinn zu betreiben.

Nun noch einige gute Rathschläge für den unter euch, der von seiner Dreifelderwirthschaft abgehen und die Fruchtwechselwirthschaft einführen will.

Das Winterfeld der Fruchtwechselwirthschaft bringt man in die Brache der Dreifelderwirthschaft. Aus dem seitherigen Winterfelde werden die Felder für die Sommerfrucht genommen, und Grünfutter, z. B. Wicken, sowie auch die Hülsenfrüchte sind ebenfalls in das seitherige Winterfeld zu bringen. Für das Kleefeld wählt man die Stücke des alten Systems, welche im vorhergehenden Jahre im Sommerfelde mit Klee besamt wurden. Endlich wählt man für die Knollengewächse und sonstigen Hackfrüchte dasjenige Land, welches nach Lage und Beschaffenheit für diese Früchte das geeignetste scheint. Ein ganz guter Umlauf, wenn man von der Dreifelderwirthschaft zu der Fruchtwechselwirthschaft übergehen will, ist dabei folgender: Hackfrüchte in starker Düngung; Sommergetreide; Klee; Winterweizen; Hülsenfrüchte in halber Düngung; Roggen.

Viehzucht.

Wenn in einer richtig geregelten Wirthschaft jeder Betriebszweig derselben so in den andern eingreift, daß keiner ohne Nachtheil für den ganzen Wirthschaftsbetrieb entfernt werden kann, so wird kein verständiger Landwirth streitig machen können, wie groß besonders der Antheil sei, welchen eine richtig geregelte und geleitete Viehzucht am Erfolge des ganzen Wirthschaftsbetriebes hat; daß sie, auf Futterbau gestützt, wesentlich dazu beiträgt, den größtmöglichen Reinertrag nachhaltig zu erzielen, und daß sie für den ganzen Wirthschaftsbetrieb in den meisten Fällen unumgänglich nothwendig und unersetzlich ist; denn die Viehzucht ist die Grundlage des Ackerbaues und seine größte Stütze, und da, wo die Viehzucht blüht, ist in der Regel der höchste Ertrag vom Landbau; denn ohne Vieh kein Dünger und ohne diesen keine Ernten, wenigstens nicht solche, die zu einem zufriedenstellenden Ertrage beitragen. Ferner sagt ein Bauernspruch: „Ohne Vieh kein Ackerbau", und es ist dies eine Wahrheit, deren Umsturz wohl schon von einigen aberwitzigen Landwirthen versucht worden, aber nicht gelungen ist, und an der in der Landwirthschaft so lange festgehalten werden muß, bis die künstlichen Düngestoffe sich als allein zur Pflanzenernähung vollkommen ausreichend erwiesen haben, wozu bis jetzt die Beweise fehlen. Ja, man kann getrost behaupten, daß die Viehzucht der Grundstein aller Volkscultur und der sicherste Maßstab ist, um die Bildungsstufe kennen zu lernen, auf welche ein Volk gelangt ist. Aber die Viehzucht ist nicht bloß als der sicherste Grundstein, als ein Mittel zum Ackerbau anzusehen; nein, sie tritt auch als ein unmittelbar rentirender und für sich bestehender Zweig der Landwirthschaft auf; ja, es gibt Gegenden, wo Viehzucht blüht und getrieben wird ohne Anbau. Die richtige Beurtheilung dieser beiden Factoren im landwirthschaftlichen Betriebe aber, die innige Verbindung beider zu dem Zwecke des höchstmöglichen Gewinnes aus der Landwirthschaft, ist und bleibt die Hauptsache.

Mit Vermehrung und Verbesserung der Viehzucht begann England die dauerhafte Begründung seines Wohlstandes; aus allen Erdstrichen entnahm es Zuchtthiere, es kreuzte die Rassen, erschuf neue Stämme, brachte eigenthümliche Thierformen hervor und wußte sie bleibend und dauerhaft (constant) zu machen. Durch diesen Aufschwung der Viehzucht gewann Englands Boden ein anderes Ansehen, er trug reiche Ernten, alle Bodenerzeugnisse gelangten zur größern Vollkommenheit, das kleinste Stück anbaufähigen Bodens wurde für den Pflanzenbau gewonnen und sorgfältig cultivirt, und nun erst konnte Englands Volk ein Volk des Gewerbefleißes und Handels werden und mit seinen Erzeugnissen alle Länder der Erde versehen. Diesem löblichen Beispiele sollten auch die deutschen Landwirthe, insonderheit die kleineren bäuerlichen Landwirthe, nachzueifern sich bestreben. Allein noch gar viele deutsche Bauernlandwirthe sind in dem Irrthum befangen, daß nur der Pflanzenbau einen unmittelbaren Nutzen gewähre, die Viehzucht dagegen nur als Mittel für den Pflanzenbau nothwendig sei, indem sie diesem durch Zugkraft und Düngererzeugung diene; was sonst das Melkvieh an Milch, Butter, Käse u. s. w. liefere, käme sehr hoch zu stehen und zahle sich nicht aus. Bei solcher Ansicht wird dann die Viehzucht vernachlässigt und nur als nothwendiges Uebel angesehen, wovon die Folge ist, daß die Viehzucht von ihrer Würde als solche herabsinkt und zu einer bloßen Viehhaltung wird. Solche Landwirthe sehen in ihrer Kurzsichtigkeit nur die zunächst fließende Geldquelle, das Feld; das treibende Agens, die Viehzucht, liegt in zu fernem Hiutergrunde und ist im Nebel ihrer Vorurtheile so eingehüllt, daß sie eines besseren Urtheils nicht fähig sind. Ob nicht solche Landwirthe, welche mit der Viehzucht als einem nothwendigen Uebel im Peche sitzen und deswegen auch nicht viel auf Viehzucht halten und auf sie nicht viel Sorgfalt und Aufmerksamkeit verwenden, eben nicht den Weg gewählt haben, auf welchem sie zu einem „Uebel“ wird und werden muß? — Es ist einleuchtend, daß eine schlecht betriebene Viehzucht nur geringe Vortheile gewährt. Da aber der Aufwand an Futter, Mühe, Zeit und Kapital für eine schlecht betriebene Viehzucht fast eben so groß ist, als eine für eine gut betriebene, dagegen in den Erfolgen einen großen Unterschied erkennen läßt, so wird es schon wirthschaftlich gerathener sein, die Viehzucht nur gut zu betreiben, damit auch größerer Gewinn zu erwarten steht. Die Viehzucht wird aber gut nur dann betrieben, wenn der Viehhalter und Züchter unabläßig bemüht ist, durch gute Abwartung, Pflege und reichliche Fütterung nur das Vollkommenste in seiner Zucht zu erringen und in dieser Richtung schon die Auswahl seiner Zuchtthiere mit größter Sorgfalt und möglichster Umsicht vornimmt. Solche Viehzucht bringt dem einzelnen Züchter Ehre und Gewinn, bringt einem ganzen Lande Ehre und Vortheil, begründet den Wohlstand des Volkes und hat einen gesegneten, blühenden Ackerbau zur Folge.

Rind- oder Schafvieh?

Soll aber durch die Viehzucht Ehre und Wohlstand erreicht und soll sie fernerhin auch von dem kleinern Bauernlandwirth nicht mehr als ein nothwendiges Uebel angesehen werden, so ist sie mit Verstand und Umsicht zu treiben. Dabei ist vor Allem zu überlegen, welche Gattung der landwirthschaftlichen Hausthiere unter den besonderen landwirthschaftlichen und sonstigen Verhältnissen einer Wirthschaft den meisten Reinertrag gewährt, wobei der landwirthschaftliche Grundsatz wohl ins Auge zu fassen und festzuhalten ist, daß die beste Viehgattung für den Landwirth die ist, welche den Dünger am wohlfeilsten liefert, und hierin hat Rindvieh den Vorzug vor den Schafen, weil jenes von dem genossenen Futter einen höhern Geldertrag gibt, wodurch die Kosten des Düngers vermindert werden. Für die Rindviehzucht sprechen aber auch noch andere Gründe, welche besonders der kleinere bäuerliche Landwirth zu beobachten hat. Seitdem dem kleinern Landwirth eine freiere Benutzung seines Grund und Bodens gestattet ist, welche vormals durch Hütungsgemeinschaften sehr behindert war, wo mehr oder weniger Zwang zum Brachehalten stattfand, — seit den Hütungsablösungen, Gemeinheitstheilungen und Separationen kann der fruchtbare Boden durch Futterbau bei geeigneter Fruchtfolge viel höher verwerthet werden, als durch die Schafhütung, durch welche vormals immer nur ein sehr geringer Ertrag des der Brache unterworfenen Feldschlages gewonnen wurde. Seitdem ferner die früheren hohen Erträge der Schafzucht sich so sehr vermindert haben, möchte für den kleinern Bauernlandwirth die Rindviehzucht in den meisten Fällen am vortheilhaftesten sein, was folgende Berechnung in Zahlen deutlich darthut; denn Zahlen beweisen und entscheiden.

Im Fütterungsverhältniß rechnet man durchschnittlich 10 Schafe auf 1 Kuh, d. h. mit anderen Worten, 10 Schafe verbrauchen nach Geldwerth berechnet ebensoviel Futter als 1 Kuh; ferner läßt sich durchschnittlich annehmen, daß 10 Schafe 1 Stein Wolle geben, und daß der Stein Wolle 15 Thlr. kosten soll, welches Verhältniß bei kleineren bäuerlichen Schafhaltungen gewiß nur selten zu erreichen sein dürfte. Der Bruttoertrag von 10 Schafen ist daher 15 Thlr.

Gibt man nun dasselbe Futter statt 10 Schafen einer Kuh von ungefähr 600 Pfd. lebenden Gewichtes, und wird angenommen, daß dieselbe im Jahre nur 1350 Quart Milch liefere und das Quart mit 1 Sgr. verwerthet werde, so stellt sich ein Ertrag von 45 Thlr. heraus, also 30 Thlr. mehr als der Ertrag der 10 Schafe ausmacht. Jedenfalls wird das Ergebniß dieser nur oberflächlichen Berechnung viel öfter noch von dem Ertrag einer Kuh übertroffen werden, weil einestheils absichtlich ein hoher Wollpreis angenommen worden ist, und weil anderntheils die Fälle in der Praxis gar nicht selten sind, daß 1 Kuh bei sorgsamer Pflege und Fütterung einen reinen Ertrag von 50, 60 und mehr Thalern ergeben hat.

Aber auch in Bezug auf den reinen Gewinn beim Betriebe der Schweinezucht, welcher beiläufig bemerkt der Bauersmann mehr Aufmerksamkeit schenken sollte wie bisher, wirkt die Rindviehzucht mächtig ein, indem ohne Milch, Sauermilch, Molken &c. ein gewinnbringender Betrieb der Schweinezucht nicht möglich ist. Aus diesem Allen ergibt sich, daß der kleinere bäuerliche Landwirth mehr Nutzen vom Rindvieh als vom Schafvieh hat, und daß es in den meisten Fällen höchst unwirthschaftlich ist, wenn ein Bauersmann sich 6, 8, 10 und 12 Schäfchen hält, wie dies noch gar häufig angetroffen wird.

Bei alledem ist aber auch nicht zu verkennen und wohl zu

berücksichtigen, daß für ärmliche, magere Sandgegenden das Schafvieh von großer Bedeutung ist; denn dasselbe kann oft weitläufige Bodenflächen nutzbar machen, die ohne Schafzucht nur einen sehr geringen, vielleicht gar keinen Ertrag geben würden, weil sie den Aufwand größerer Wirthschaftskosten nicht vergüten können. Es leuchtet ein, daß bei geringem Bodenwerthe die Wolle wohlfeiler erzeugt werden kann, als bei Bodenarten, deren Kauf- oder Pachtpreis bedeutend höher steht, daß also ein guter, fruchtbarer Boden durchaus höher verwerthet werden muß, als dies unter den gegenwärtigen Verhältnissen durch die Schafhaltung möglich zu machen ist. Daß größere Güter mit umfangreichen Ländereien hiervon auszunehmen sind, versteht sich von selbst; denn bei ihnen sind ganz andere Nebenfragen zu erörtern und zu berücksichtigen, als bei kleinen Bauergütern.

Es ist ferner nicht zu leugnen, daß die Schafe den größern Theil des Jahres auf der Weide leben und sich von einer großen Menge von Gräsern und Kräutern nähren und dieselben nutzbar machen, welche weder die Sichel des Gräsers noch der Zahn der Kühe oder Pferde erreichen kann. Auch im Winter können die feineren Theile des zur Streu bestimmten Strohes und die darin noch befindlichen, oft sehr nahrhaften Unkräuter fast nur durch die Schafe ganz vollkommen benutzt werden. Aber trotz aller dieser für die Landwirthschaft, wie überhaupt für das Menschenleben höchst schätzbaren Eigenschaften des Schafviehes wird die Zucht desselben in volkreichen Gegenden durch verbesserten Ackerbau nach und nach geringer werden und dürfte in sehr fruchtbaren Landstrichen, wenn einmal der Ackerbau zur möglichsten Vollkommenheit gelangt ist, wenigstens in Bauernwirthschaften ganz verschwinden, weil mit dieser die Schafe ihren Hauptnutzen, unbebauten Boden zu verwerthen, verlieren. Hört aber der Weidegang der Schafe auf und sollen sie auf dem Stalle ernährt werden, so ist die Rindviehzucht unbedingt vorzuziehen und einträglicher als die Schafzucht.

Soll der kleinere Bauernlandwirth Pferde oder Rindvieh als Zugthiere gebrauchen?

Pferdefleisch ist ein theures Fleisch, und doch mag es von euch Niemand essen. Derjenige Landwirth, welcher bei den jetzigen hohen Preisen der Pferde auf den Ankauf derselben hingewiesen ist — und dies ist doch bei dem kleinbegüterten bäuerlichen Landwirth meist der Fall — sollte deshalb daran denken, die große Ausgabe für Ankauf und Unterhaltung der Pferde durch Benutzung des Rindviehes zum Ziehen zu ersparen. Gerade das Benutzen des Rindes zum Zuge paßt für kleinere Wirthschaften ganz besonders und ist eine Hauptquelle großer Vortheile für dieselben nnd für die Wirthschafter. Aber wie viel Landwirthe gibt es nicht, die bei 20 und 30 Morgen Land ein Pferd halten! Das arme Thier ist freilich nur zu bedauern, und man sieht es ihm auf den ersten Blick an, daß der Hafer wohl, wie das Sprüchwort sagt, an die Krippe geschrieben, aber nie in dieselbe geschüttet wird. Solche Landwirthe sollten schon um ihres eigenen Vortheils willen kein Pferd halten, und würden sie mit Verstand und Einsicht sich die Sache überlegen und nicht von Vorurtheilen befangen sein, so würden sie gar bald die großen Vortheile einsehen, welche das Rindvieh vor den Pferden gewährt. Vom ersteren ist es aber wieder der Ochse und die Kuh, welche als Zugthiere zu benutzen sind.

Es ist zwar nicht zu leugnen, daß die Pferde gelehriger und daß sie zu allen Arbeiten ohne Ausnahme zu verwenden sind. Arbeiten, bei denen es vorzugsweise auf Schnelligkeit ankommt, wie z. B. Erntefuhren, Eggen u. dgl. werden besser und rascher mit Pferden vollbracht. Die Ochsen dagegen sind leichter und wohlfeiler zu ernähren; so sind z. B. Kaff, Abharksel, Wurzel- und Knollengewächse, Trebern, Branntweinschlempe ganz vorzügliche Nahrungsstoffe für sie, die bei der Ochsenhaltung sich gut verwerthen, sonst aber selten gewinnbringend zu verkaufen sind. Die Kosten für das Geschirr beim Rindvieh sind viel geringer, und im Durchschnitt kann man mit Ochsen mehr Pflugarbeit verrichten, als mit Pferden. Auch ist im Allgemeinen die Abnutzung der ersteren geringer als die der letzteren, und taugt endlich der Ochse nicht mehr zur Arbeit, so wird er gemästet und verwerthet sich so auf eine höchst vortheilhafte Weise. Das Alles sollte der kleinere Landwirth wohl bedenken. Aber auch selbst die Ochsen können als Zugthiere in kleineren Bauernwirthschaften durch Kühe ersetzt werden, denn die Vortheile sind dann noch größer.

Es ist gewiß, daß da, wo milder und leichter Boden ist, ein Paar gut gehaltene Kühe ebenso zum Ackern zu verwenden sind als ein Paar Ochsen; es ist ferner bekannt, daß die Kuh an Gewandtheit und Lebhaftigkeit den Ochsen weit übertrifft und den etwaigen Abgang an Körperstärke durch einen schnellern Gang leicht ersetzt. Man kann z. B. mit 2 Kühen in 3 Stunden mehr ackern, als mit 2 Ochsen in derselben Zeit. Auch glaube man ja nicht, daß eine mäßige Arbeit den Kühen in ihrer Gesundheit oder an ihrem Milchertrage schade; im Gegentheil hat man beobachtet, daß Kühe, welche täglich 3—4 Stunden mäßig eingespannt werden, in der Milch nicht abnehmen, sowie daß die Milch der Zugthiere viel fetter und butterreicher ist als die der müßig stehenden Thiere, wenn sie nur in der Arbeitszeit recht gut gefüttert und abgewartet werden und wenn mit ihnen in kürzeren Fristen gearbeitet wird, was sich bei kleineren Wirthschaften oder beim Wechsel der Thiere leicht bewerkstelligen läßt. Ueberdies ist ja auch nach kurzer Ruhe der Milchertrag wieder derselbe wie vor der Arbeit, und dasselbe findet ja doch während der längsten Zeit des Jahres statt, besonders im Winter, wo Pferde und Ochsen als todtes und fressendes Capital im Stalle stehen. Darum kann es gewiß für den kleinern Landwirth nur von großem Vortheil sein, wenn er seine Kühe als Zugthiere verwendet. Zum Beweise des Gesagten führe ich folgenden Versuch aus der Praxis an:

Es wurden 8 Stück im Alter und in der Milchergiebigkeit ganz gleiche Milchkühe 4 Wochen hindurch ganz gleichmäßig gefüttert; 4 Stück davon wurden zum mäßigen Arbeiten verwendet und 4 Stück blieben müßig im Stalle stehen. Die Arbeitskühe kamen durch Wechsel derselben nur 1/2 Tag zur Arbeit. Das Resultat war folgendes:

Die 4 auf dem Stalle gehaltenen Kühe gaben in den 4 Wochen 658 Maß Milch, die zur Arbeit verwandten in demselben Zeitraume 612 Maß. Es stellte sich also ein Unterschied von 42 Maß Milch zu Gunsten der nicht arbeitenden Kühe heraus. Rechnet man das Maß Milch zu 1 Sgr., so haben die 4 nicht arbeitenden Kühe in 4 Wochen für 1 Thlr. 12 Sgr. Milch mehr gegeben als die 4 Arbeitskühe in derselben Zeit. Sollten nun diese 4 Stück in den 4 Wochen durch ihre Arbeit nicht mehr verdient haben als 1 Thlr. 12 Sgr.?

Dieselben wurden täglich zu nur 4 Fuhren benutzt, nämlich Vormittags zu 2 Fuhren und Nachmittags zu 2 Fuhren. Berechnet man die Fuhre zu dem allerniedrigsten Preise von nur 2 Sgr. 6 Pfg., so gibt das täglich 10 Sgr., also in 1 Woche 2 Thlr., demnach in 4 Wochen 8 Thlr. Von diesem Betrage soll die Summe von 1 Thlr. 12 Sgr. für mehr bekommene Milch abgehen, so bleiben doch noch 6 Thlr. 18 Sgr., welchen Betrag die arbeitenden Kühe mehr eingebracht haben, als die nur müßig stehenden. Es dürfte sich dieser Mehrertrag aber gewiß noch höher stellen, wenn eben nicht absichtlich der niedrigste Satz für Fuhrlohn angenommen wäre.

Die Vortheile, welche ihr kleineren Landwirthe von der Kuhbespannung genießt, sind so groß und so unverkennbar, daß man sich wundern muß, warum besonders im flachen Lande so äußerst selten Kühe als Zugthiere benutzt werden. Also, ihr kleineren Landwirthe, schafft eure hageren und spindeldürren Pferde oder Ochsen ab und spannt eure Kühe an, uud ihr werdet wohlhabend werden durch die doppelte und dreifache Stückzahl des Rindviehes, welches ihr halten könnt, wenn ihr euer Futter nicht dem Pferde zu fressen gebt, das euch keinen Gewinn bringt, sondern für euch nur ein zu verzinsendes Capital ist.

Und nun will ich euch, ihr kleineren Landwirthe, nur mit wenigen Worten noch auf Eins aufmerksam machen, nämlich auf die ungeheure Verschwendung, die noch gedankenlos mit übermäßig starker Gespannhaltung getrieben wird. Man trifft noch gar viele Wirthschaften, große und kleine, Gutswirthschaften nnd bäuerliche Wirthschaften, wo mehr Zugvieh gehalten wird, als nöthig ist. Aber bedenkt doch! Wenn in einer bäuerlichen Wirthschaft 1 Pferd oder 2 Zugochsen erspart werden können, so liegt es auf der Hand, daß dadurch der Reinertrag mindestens um 100 Thlr. steigt, was oft mehr ist, als in einer verkehrt geführten Wirthschaft überhaupt erübrigt wird. Es ist dies auch so ein Rath aus dem praktischen Leben heraus, der weniger in Büchern zu finden und der von großen und vortheilhaften Folgen für euch und eure ganze Wirthschaft ist.

Die Ernährung des Rindviehes.

Das Rindvieh, insonderheit die Kühe, sind nach dem bisher Dargethanen die Viehgattung, die dem kleinern Landwirth den größten Nutzen gewährt, weshalb er denn der Ernährung und Pflege dieser die größte Aufmerksamkeit und Sorgfalt widmen muß. Aber auch in diesem Punkte werden noch gar häufig Fehler gemacht, und mancher Landwirth und manche Landwirthin wissen nicht, wie das Rindvieh auf eine zweckmäßige und verständige Art und Weise gefüttert werden muß, wenn es den größtmöglichen Nutzen gewähren und zur Erzielung des größtmöglichen Reinertrages des ganzen Wirthschaftsbetriebes beitragen soll; darum folgt hier noch das Wichtigste über Ernährung und Pflege des Rindviehes.

Die Ernährung des Rindviehes zerfällt, wie als bekannt vorauszusetzen ist, in die Ernährung auf der Weide und in die Ernährung im Stalle, bei welcher man wiederum die Sommerstall- (auch Grünfütterung genannt) und die Winterstallfütterung unterscheidet. Erstere dauert gewöhnlich 5 Monate, nämlich von Mitte Mai bis Mitte Oktober, letztere die übrige Zeit des Jahres.

Im Nachfolgenden ist nur auf die Stallfütterung des Rindviehes Rücksicht genommen, indem die Weidefütterung im Allgemeinen zu verwerfen ist, da sie die vermehrte Erzeugung des Düngers hindert.

Die gewöhnlichsten Futterstoffe der Sommerstallfütterung

sind: rother Klee, Luzerne, Esparsette, Wiesengras, Wickfutter, Buchweizen, Mais, Futterroggen u. dergl. Die vorzüglichsten Futterstoffe der Winterstallfütterung sind: Heu, Grummet, Kleeheu, Kleegrummet, Stroh der Sommergetreidearten zu Häcksel geschnitten, Hackfrüchte (wie Runkeln, Rüben, Möhren, Kartoffeln), Oelkuchen von Raps und Lein, Körner, besonders geschroten, Abfälle aus Bierbrauereien und Branntweinbrennereien u. dergl.

Als schätzbares Futterersatzmittel kann auch das Laub, besonders das der Eschen und des Weinstocks, betrachtet werden. Ersteres läßt sich durch Einsalzen in Fässer und letzteres getrocknet sehr lange zum Futter aufbewahren. Auch die Obsttreber können in futterarmen Jahren, in Bottiche und Fässer eingesalzen, und Runkelblätter, eingemietet und den Winter über mit Häcksel vermengt, vortheilhaft verfüttert werden.

Wie nun mit diesen Futterstoffen eine verständige Stallfütterung des Rindviehes bewirkt werden kann, zeige Folgendes:

Eine verständige, rationelle Stallfütterung besteht:

1. in einer reichlichen, gleichmäßigen Fütterung zu bestimmten Stunden des Tags, sowie

2. in einer zweckmäßigen Vorbereitung der Futterstoffe.

Unter einer reichlichen Fütterung versteht man im Allgemeinen die Ernährung der landwirthschaftlichen Nutzthiere mit einer hinlänglichen Futtermenge von guter Qualität. Um jedoch stets reichlich füttern zu können, muß man eine genaue Berechnung über die Menge der zu fütternden Futtermasse und ihrer Nahrhaftigkeit zu Heu- oder noch besser zu Roggenwerth anstellen, um dadurch sowohl bei der Sommer- als auch Winterstallfütterung auf die periodische Dauer eine gleichmäßig reichliche Fütterung vornehmen zu können.

Eine genaue Berechnung und Aufstellung des Futterbedarfs wird dabei das erste Bedürfniß sein, in welchem die zu jeder Zeit zu gebende Futtermenge der verschiedenen Futterstoffe, genau auf Heu- oder Roggenwerth zurückgeführt, angegeben ist. Vor der Anlegung dieser Futternachweisung muß jedoch der Futterbedarf der landwirthschaftlichen Nutzthiere berechnet werden, damit man bei der Feststellung des Futterbedarfs bestimmen kann, ob die vorhandene Futtermasse zu einer reichlichen Fütterung ausreicht.

Diesen Futterbedarf der landwirthschaftlichen Hausthiere berechnet man nach dem lebenden Gewicht derselben, wobei man nach mehrfachen Erfahrungen beim Rindvieh auf 100 Pfd. lebendes Gewicht 3 Pfd. Heuwerth als hinreichend zu einer reichlichen Fütterung ansieht.

Doch muß dabei auch Rücksicht auf die Altersverschiedenheit der Thiere genommen werden, indem junge Thiere eine im Verhältniß ihres lebenden Gewichts weit größere Futtermasse zur Nahrung bedürfen, als ältere, bei denen sich die Lebens- und Geschlechtsthätigkeit merklich vermindert und deshalb der Verbrauch von Nahrungssäften auch abgenommen hat.

Aus diesem Grunde wäre anzurathen, die jüngeren, in ihrem Körperbau noch unausgebildeten Thiere auf einen höhern Futtersatz zu stellen und sie im Stalle von einander zu trennen. Einsichtige Landwirthe werden dieses bei einer zweckmäßigen Viehwirthschaft, insonderheit bei einer zu bewirkenden reichlichen Fütterung ihres Rindviehs wohl berücksichtigen. Sie werden bei einer vermehrten Futtererzeugung eine reichliche Fütterung so zu benutzen wissen, daß es dabei den jüngeren Thieren nicht an der gehörigen Sättigung fehle, während die älteren das Futter im Ueberfluß haben, sondern daß jedes im Verhältnisse seiner Lebensthätigkeit eine hinlängliche Menge Futter zu seiner vollkommenen Sättigung erhalte, und sowohl der derzeitige als auch der spätere Nutzungsertrag gesichert werde. Neben einer reichlichen müssen die landwirthschaftlichen Nutzungsthiere, besonders das Rindvieh, auch eine gleichmäßige Fütterung erhalten.

Unter einer solchen verstehe ich aber einestheils eine gleichmäßige Eintheilung der Futterantheile nach Menge und Güte und anderntheils die Verabreichung der Futterantheile zu bestimmten und festen Zeiten.

Wird in Hinsicht der Menge und Masse der Futterstoffe bei einer gleichmäßigen Fütterung der bereits erwähnte Futtersatz genau befolgt, dann darf auch hier keine Verschiedenartigkeit stattfinden, sondern es muß zu der einen Futterzeit ebensoviel wie zu der andern gegeben werden. Dabei gebe man niemals eine zu große Futtermasse auf ein Mal, sondern suche bei jeder Fütterung die Futtermasse in 3 — 4 Rationen zu reichen. Um aber nach der Güte der Futterstoffe gleichmäßig zu füttern, sehe man dahin, daß neben weniger nahrhaften Futterstoffen immer auch mehr nahrhafte im Gemisch gereicht werden.

Besondere Berücksichtigung verdient in diesem Punkte die Sommerstallfütterung des Rindviehes; denn bekanntlich gewährt diese die der Güte der Futterstoffe nach reichlichste Fütterung, während bei der Winterfütterung das Gegentheil stattfindet. Dieses Mißverhältniß muß aber der Landwirth möglichst auszugleichen suchen. Es ist daher mehr auf eine Verbindung der weniger nahrhaften mit den mehr nahrhaften Futterstoffen im Sommer und Winter hinzuarbeiten. Ueberhaupt suche man die Güte der Fütterung durch die verschiedenen Jahreszeiten hindurch möglichst gleichmäßig zu erhalten und gehe nicht mit einem Male von der Winterfütterung zur Sommerfütterung über. Einen zweckmäßigen Uebergang von ersterer zu letzterer bildet besonders der oben erwähnte Futterroggen.

Bei einer solchen gleichmäßigen Fütterung werden die Verdauungswerkzeuge des thierischen Körpers durch keinen so schroffen Wechsel in ihrer Thätigkeit gehindert oder wohl gar geschwächt, sondern können im Gegentheil ihre Arbeit ruhig vollenden und dadurch jederzeit die Nahrungsstoffe besser verwerthen. Auch nehme man bei der gleichmäßig guten Fütterung Rücksicht auf das Alter der Nutzungsthiere.

Nichts schadet den landwirthschaftlichen Nutzungsthieren, insbesondere dem Rindviehe, in Bezug auf die Gesundheit mehr, als ungleichmäßige Futterzeiten. Sie stören die Verdauung; die Aneignung der Nahrungsstoffe der letzten Mahlzeit ist noch nicht beendet, wenn die folgende wieder gegeben wird; sie schmälern den Nutzungsertrag der Thiere.

Zwar sind auch hier Ausnahmen zu treffen. Jüngerem Viehe reiche man z. B. öfter Futter als älterem, weil bei jenem diese Aneignung schneller bewerkstelligt wird. Durch einige leicht zu beseitigende Hindernisse lasse man sich davon nicht abschrecken. Ebenso muß dem Mastvieh öfter Futter gereicht werden, als dem Nutz- und Arbeitsvieh.

Die täglichen Futterzeiten kann man beim Rindviehe in drei Mahlzeiten bringen, und diese müssen möglichst gleichmäßig auf den Tag vertheilt werden. Vorzüglich sollte die Zeit zwischen der Abend- und Morgenfütterung nicht so lange währen, sondern der übrigen so ziemlich gleich kommen. Ganz gleichmäßig gefüttert wäre früh um 4 Uhr, Mittag 12 Uhr, Abends 8 Uhr.

Uebrigens muß noch außer den festgesetzten Mahlzeiten eine besondere Ordnung in der Vorlage der Futterrationen herrschen, damit das Vieh nicht durch Ekel in seinem Appetit behindert wird. Daher ist öftere Reinigung des Futterbarrens oder Behälters zu empfehlen; dann vor dem Hinwerfen zu starker und großer Futterrationen mit einem Male zu warnen. Auch darf man nicht versäumen, dem Viehe die Futterstoffe vorzubereiten.

Von einer zweckmäßigen Vorbereitung der Futterstoffe hängt nämlich meist die größte Wirksamkeit derselben ab.

Ist aber diese schon im Allgemeinen von so großer Wichtigkeit, so tritt sie doch ganz besonders in Zeiten des Futtermangels in den Vordergrund. Die Zubereitung des Futters hat aber nicht blos den Zweck, die Futterstoffe verdaulicher, schmack- und nahrhafter zu machen, sondern durch sie wird auch noch der Zweck erreicht, verdorbenes, schimmliges Futter, welches den Thieren schädlich sein würde, unschädlich zu machen. Zu den verschiedenen Vor- oder Zubereitungsarten gehört das Mengen, Schneiden, Brühen, Kochen, Selbsterhitzen und Einsäuern der Futterstoffe, woran ich noch das Tränken der Thiere anreihen möchte, weil dieses nach vielen Mahlzeiten die Wirksamkeit der Futtermaterialien bedeutend erhöhen kann.

Das Mengen

der Futterstoffe sollte sowohl bei Grün- und Dürrfutter, als auch bei der Sommerstall- und Winterstallfütterung stattfinden. Gewöhnlich findet es nur bei letzterer so lange Statt, bis das Grünfutter ausreichend zur Ernährung der Thiere vorhanden ist; denn dann wird bei den meisten Landwirthen, außer in seltenen Fällen, kein trockenes Rauhfutter gereicht, was bis zu der Zeit dauert, wo Klee und Wickfutter anfängt spärlicher zu werden. Ein solches Verfahren ist aber zu tadeln und verschwendet das Grünfutter; denn bei der ganzen Sommerfütterung sollte das Grünfutter mit Stroh vermischt werden.

Hierdurch würde viel Grünfutter erspart, die blähenden

Eigenschaften des Klee's, insbesondere des jungen Klee's, vermindert, viele Unglücksfälle beim Rindviehe würden ganz wegfallen und dabei die Nährstoffe des Strohes viel nutzbarer gemacht. Das ersparte Grünfutter könnte dann für die Winterfütterung weit zweckmäßiger zu Dürrfutter verwendet werden. Häufiger als bei der Sommerstallfütterung findet zwar das Mengen bei der Winterstallfütterung statt, aber doch noch nicht in dem Maße, wie es bei einer rationellen Fütterung sein soll. Ein zweckmäßiges Mengen der Dürr= und Rauhfutterarten und ihre Verabreichung mit saftigem Knollen= und Wurzelwerk wird in der Ernährung der Thiere und zur Anregung des Appetits derselben sich als sehr vortheilhaft erweisen.

Um sowohl bei der Sommer= als auch bei der Winterstallfütterung die Futterstoffe leichter mit einander mengen zu können, ist das Zerkleinern derselben erforderlich, was bei den Futterkräutern, Gräsern, Stroharten durchs Schneiden, bei den Wurzel=, Knollen= und Kohlgewächsen durchs Stoßen und Quetschen geschieht. Besonders ist bei der Grünfütterung das Schneiden nöthig, wenn man Rauhfutter untermengen will. In solchen Fällen sollte alles Grün= und Rauhfutter zu Häcksel geschnitten werden, wodurch sich das Mengen erleichtert, und das Vieh die geringeren Futterstoffe nicht ausstoßen kann. Fast unumgänglich nöthig wird aber das Schneiden der sich hierzu eignenden Futterstoffe in Jahren des Futtermangels; wenn man durch Witterungsverhältnisse verdorbene Futterarten mit unverdorbenen vermengen will; wenn die Futtermaterialien sehr grob und hartstenglig sind; wenn man unter Heu Wurzelwerk füttern will.

Will man das Anbrühen der Futterstoffe durch Kochen und dergleichen vorbereiten, so müssen sie, außer den Kartoffeln und ähnlichen Nährstoffen, zerkleinert, geschnitten werden, wodurch die Mischung der Futtermaterialien bedeutend erleichtert, vervollkommnet und dieselben selbst weit nützlicher und genießbarer gemacht werden. Dabei ist diese Vorbereitungsart der Futterstoffe eine der leichtesten, um die verschiedenen Futterstoffe für die Aufnahme in den thierischen Körper geeigneter zu machen und die weniger löslichen Nahrungsstoffe in den Zustand der leichteren Auflösung zu bringen. Dieser Zweck wird am vollkommensten erreicht, wenn verschiedene z. B. weniger nahrhafte mit mehr nahrhafteren Futterstoffen vermengt, die gemengte Masse in große Fässer, Bottiche u. dergl. geschüttet, dieselbe mit heißem Wasser übergossen und dann dem Prozesse der Auflösung überlassen werden. Die ganze Futtermasse muß vom Wasser gehörig durchdrungen sein und wo möglich von einer Futterzeit bis zur nächstfolgenden stehen. Da das Wasser nicht im kochenden Zustande, sondern nur heiß über das Futter gegossen wird, so wird in holzreichen Gegenden diese Methode der Futterbereitung mit großem Vortheil angewandt und der Nutzungsertrag des Viehes bedeutend gesteigert. Reinlichkeit ist bei diesem Verfahren aber unbedingt nöthig, damit sich nicht durch Gährung nachtheilige Säuren entwickeln und den Wohlgeschmack des Futters verderben.

Das Dämpfen

der Futterstoffe ist noch wirksamer und der Nutzungsertrag des Viehes nach gemachten Erfahrungen ein noch gesteigerterer und höherer wie beim Brühen; namentlich soll nach angestellten Versuchen die Milch beim Dampffutter viel reicher an Butter- und Käsestoff sein. Auch ist bei diesen Versuchen berechnet worden, daß z. B. 28 Pfund gedämpftes Siedefutter denselben Nährwerth hat wie 32 Pfund nur angebrühtes. Dabei werden durch das Dämpfen kranke Kartoffeln und Rüben am zweckmäßigsten zu brauchbaren Futterstoffen verwandt und für das Vieh unschädlich gemacht.

Nach gemachten Erfahrungen auf Versuchsanstalten ist ferner anzunehmen, daß, wenn der kleinere Viehhalter für 2 Kühe und 1 Kalb täglich 40 bis 44 Pfd. Häcksel (bestehend aus 1 Theil Heu und 2 Theilen Sommerstroh) durch Dämpfen vorbereitet, nöthig hat, er bei trockner Fütterung 80 Pfund Futter braucht, das aus 3 Theilen Heu und 1 Theil Stroh bestehen muß. Dabei ist das Vieh bei der Dampffütterung weit besser genährt als bei der Trockenfütterung. Nimmt man dabei die Winterstallfütterung der Thiere zu nur 5 Monaten an und zieht alle Vortheile der Dampffütterung gegenüber der trockenen und kalten Fütterung in Betracht, so kann getrost angenommen werden, daß durch das Dämpfen der Futterstoffe während der Winterfütterung pro Kuh eine Futterersparniß von 5 Ctr. Heu und 5 Ctr. Stroh eintritt. Unumgänglich nothwendig ist das

Aufschließen des Futters, insbesondere durch Dämpfen, wenn dasselbe zum größeren Theile aus Stroh besteht, wie dieses wohl in futterarmen Jahren der Fall ist. Das Stroh wird dadurch am besten ausgenutzt, indem mehr Faserstoff von den Thieren aufgenommen werden kann. Es sollte darum jeder Landwirth nicht allein in den holzreichen Gegenden, sondern auch da, wo Steinkohlen, Braunkohlen, Torf und dergleichen Brennmaterialien billig zu haben sind, diese Fütterungsmethode in seiner Wirthschaft einführen.

Das Selbsterhitzen

der Futterstoffe ist seit etwa 20 Jahren bekannt geworden und besteht darin, daß die verschiedenen Futtermittel mit einander gemengt und auf einige Zeit dem Processe der Gährung überlassen werden. Es ist dies Verfahren zwar minder kostspielig als das Brühen und Dämpfen, aber mühsamer und erfordert viele Sorgfalt und Vorsicht.

Gewöhnlich mengt man zu Häcksel zerkleinertes Wurzel- und Knollenwerk und befeuchtet diese Mischung mit Salzwasser oder Oelkuchenwasser oder Melasse (verdünnter Syrup, wie derselbe in Zuckersiedereien sehr billig zu bekommen ist). Diese Mischung wird recht sorgfältig durcheinander gearbeitet, dann in Bottiche oder Kästen oder ausgemauerte Gruben gebracht und fest zusammengetreten, damit die Erhitzung gleichmäßig eintrete. Je nach der Verschiedenheit der äußeren Temperatur oder der größeren oder geringeren Dichtigkeit der Masse kann die Gährung in 2—3 Tagen vollendet und das Futter zum Gebrauch fertig sein.

Bei Betreibung dieser Methode muß man sich genaue Kenntniß des Verfahrens zu verschaffen suchen, damit die Futterstoffe durch Schimmelbildnng nicht ungenießbar gemacht werden. Ist aber das Futter gut zubereitet, so gewöhnt sich das Vieh sehr bald daran und wird es mit größtem Appetit verzehren. Die Ersparung an Futter, welche man durch dessen erhöhte Nahrhaftigkeit und Wirksamkeit herbeiführt, ist bei diesem Verfahren sehr bedeutend, ja überraschend. Darum sollten vorzüglich Gegenden, die Mangel an natürlichen Wiesen haben und den Kleebau nicht betreiben können, diese Methode befolgen, da sie bedeutende Vortheile hat, als da sind:

1. wird das Roggenstroh als Futterstoff am besten verwerthet, indem alle löslichen Nährstoffe desselben den Thieren zu gute kommen;

2. wird am Futterbedarf erspart, indem durch die natürliche Gährung viel Nahrungstheile im Futter aufgeschlossen werden, was durch Brühen oder Dämpfen nicht so vollkommen erreicht wird;

3. wird das Futter, namentlich in Verbindung mit dem Syrup, von dem Vieh sehr gern gefressen, und sind die Resultate in Bezug auf Milchertrag und Wohlgenährtheit durchaus überraschend und zufriedenstellend.

Das Einsäuern der Futterstoffe.

Wenn das Selbsterhitzen des Futters dazu dient, die Futterstoffe nur auf einige Tage durch Gährung in den Zustand der leichteren Aufnahme zu versetzen, so hat das Einsäuern den Zweck, manche Futterstoffe, welche sich entweder nicht trocknen lassen, oder die man längere Zeit aufbewahren will, einer längern Periode der Gährung zu unterwerfen und dadurch deren Güte zu verbessern. Dazu wendet man ein zweifaches Verfahren an, nämlich mit oder ohne Beimischung einer säurehaltigen Substanz.

Das Einsäuern der Futterstoffe mit Beimischung einer säurehaltigen Substanz dürfte schneller zum Ziele führen und wirksamer sein. Es geschieht dieses durch das Vermischen des Futters mit Sauerteig oder auch mit Salz.

Zu diesem Zwecke werden grüne Futterstoffe, z. B. die Blätter der Wurzel- und Kohlgewächse, auch die mancher Baumarten, z. B. der Eschen, und andere Futterstoffe in Gruben, Kufen und Bottichen schichtweise mit Salz fest eingetreten oder eingestampft und zuletzt gepreßt, damit die Futtermasse dicht zusammenbleibe und vor dem Zutritt der Luft geschützt sei. Auf diese Weise zubereitet, erhalten sich die Futterstoffe sehr gut, und das Vieh frißt sie gern.

Bei dem Einsäuern ohne Salz müssen die Futterstoffe mit größter Sorgfalt und Vorsicht eingestampft werden. Durch die dadurch entstehende Gährung entwickelt sich eine Säure, die das Salz ersetzt.

Zu einer rationellen Fütterung der Thiere gehört endlich ein

zweckmäßiges Tränken.

Im natürlichen Zustande — wenn das Thier auf der Weide hinreichendes Wasser vorfindet — sucht es sich seinen Durst selbst zu stillen. Bei der Stallfütterung ist es anders; bei dieser hängt das Thier von seinem Wärter ab, und dieser muß deshalb seine größte Aufmerksamkeit auf das Tränken richten und dabei besondere Regeln beobachten, wenn die Gesundheit des Thieres nicht gefährdet werden soll. Man beachte daher Folgendes:

Für gewöhnlich dient zum Getränk gutes reines, möglichst weiches und nicht zu kaltes Wasser, das deshalb etwas abgeschreckt werden muß. Zum Löschen des Durstes ist solches Getränk ohne irgend einen Zusatz hinreichend. Soll jedoch durch das Getränk auch gleicherzeit mit auf Milchergiebigkeit eingewirkt werden, so muß dasselbe gekräftigt und gewürzt werden, weshalb Schrot, Leinmehl, zerkleinerte Kartoffeln und dergl. Kraftsubstanzen hinzuzusetzen sind, denn es ist ja bekannt, daß *die Kuh durch das Maul milcht*, daher wohl auch das Sprüchwort entstanden ist: „*Gibst du ihr ins Kröppchen, so gibt sie dir ins Töpfchen.*“ Von einem reichlichen und kräftigen Tränken hängt gar sehr die Milchergiebigkeit des Thieres ab, und man darf deshalb dieses durchaus nicht vernachlässigen.

Ferner muß dem Vieh zur Zeit, wo dasselbe ein Maximum von trockenen Futterstoffen erhält und die äußere Temperatur nicht zu gering ist, eine stärkere Quantität Getränke gereicht werden, als wenn die Grünfütterung auch bei sonst erhöhter Temperatur beginnt, denn das Grünfutter enthält schon ohnehin einen großen Theil des zur Assimilation erforderlichen Wasserstoffes in seinen Stengeln und Blättern, und man braucht daher nur noch, je nach Verschiedenheit der höheren oder niederen Temperatur, mehr oder weniger künstliche Tränke zu geben. Hierbei muß man noch berücksichtigen, daß, je größer das Volumen der den Thieren gegebenen Nahrungsstoffe, auch um so mehr Wasserstoff zur Assimilation derselben erforderlich ist.

Das Jungvieh soll und muß zwar auch mit hinlänglicher Tränke versehen, dagegen aber dem Altvieh mehr derselben gereicht werden, weil bei jenem die Circulation des Blutes schon ohnehin kräftig erfolgt, während bei diesem die Saftbildung sich vermindert und die organischen Theile starrer werden. Ebenso kann auch die Lebensthätigkeit bei älterem Viehe nur erhöht werden durch Darreichung warmer Tränke, wogegen man diese bei dem jüngeren Viehe vermindern muß. Bei der Fütterung mit trocknem Futter gebe man nach der Fütterung reichlich Wasser; bei der Grünfütterung dagegen vor dem Füttern nur eine mäßige Tränke; hierdurch wird dem Aufblähen des Viehes vorgebeugt. Uebrigens reiche man dem Viehe nie im erhitzten Zustande, z. B. wenn es von der Arbeit kommt, die Tränke.

Das Anschaffen neuer Viehracen.

Bloße Theoretiker und Bücherhelden, die für die Verbesserungen in der Landwirthschaft schwärmen und von diesen alles Heil für den kleineren Landwirth erwarten, empfehlen in Zeitschriften, Tageblättern, landwirthschaftlichen Lehrbüchern und dergleichen Schriften die Anschaffung besserer Viehstämme. Dieses unbedingte Anempfehlen ist eine mißliche Sache, zumal wenn nicht alle Wirthschaftsverhältnisse genau erörtert und erwogen werden. Es wäre wenigstens viel zweckmäßiger, wenn zuerst den bäuerlichen Landwirthen recht eindringlich die wohlfeile Erzeugung gesunden und reichlich nährenden Viehfutters empfohlen würde, denn dies ist eine viel wichtigere Maßregel für den Fortschritt in der bäuerlichen Landwirthschaft, als die Anschaffung theurer Viehstämme. Woher kommt denn das jämmerliche Aussehen und Ansehen des Rindviehes in kleineren Bauernwirthschaften? Blos deshalb gewährt das bisher gehaltene Vieh einen jämmerlichen Anblick und traurigen Eindruck, weil es hungern muß. Hat ein Landwirth dürftigen Boden zu bewirthschaften, auf welchem er im Allgemeinen wenig Futter erzeugt, und er wollte statt seiner leichteren Viehracen schwerere für theures Geld anschaffen, so wäre ein solches Verfahren wirklich thöricht und schädlich. Schwereres Vieh bei spärlicher Nahrung bleibt dürr wie Pharao's sieben hagere Kühe, und der Nutzen ist fast 0. Erst wenn für genügende und gleichmäßige Ernährung des Nutzviehes durch Futterbau gesorgt und wenn Futter durch vermehrten Futterbau in höchst reichlicher Menge vorhanden ist, tritt die Nothwendigkeit ein, für eine höhere Verwerthung desselben durch Anschaffung besserer Viehstämme Sorge zu tragen. Gewöhnlich wird aber ohne vorherige Prüfung angenommen, der schlechte Erfolg der Viehhaltung habe seinen Grund in der mangelhaften Viehrace; nein, in dieser nicht, sondern in dem mangelnden Futter. Die Erfahrung lehrt durch Tausende von Beispielen, daß leichtere Viehstämme bei reichlicher Fütterung mehr Nutzen abwerfen als schweres Vieh bei kärglicher Nahrung. Der kleinere Bauernlandwirth sei also nicht so voreilig mit Abschaffung seiner bisherigen Viehrace und bringe vor allen Dingen erst seinen Futterbau in Schwung, ehe er an das Ankaufen schwererer Viehstämme geht. Hat er sich dann aber durch reichliche Fütterung der Thiere und sorgsame Pflege derselben einen guten und seinen Wirthschaftsverhältnissen angemessenen Viehstand herangezogen, so suche er beim Melkvieh durch die zweckmäßigste Futtermethode den höchsten Milchertrag zu erzielen und richte seine Wirthschaft zur Butter= und Käsebereitung ein. Kann freilich die Milch als Milch verkauft werden, was vorzüglich in der Nähe großer Städte der Fall ist, dann ist der Ertrag ein noch größerer. Derjenige Landwirth dagegen, der Mastvieh halten und daraus den größten Nutzen ziehen will, befleißige sich einer wahrhaft rationellen Mästungsmethode, denn die Mästung ist in der Viehzucht unbedingt das schwierigste Geschäft, um sie lohnend zu betreiben, und eigentlich für den kleinern

Bauernlandwirth nicht wohl geeignet. Will endlich der Eine oder der Andere Handel mit Zuchtvieh treiben, so wähle er zuvörderst diejenige Viehrace, welche seiner Gegend entspricht und somit leichten Abgang findet.

Noch ein Hauptfehler in der Viehhaltung.

Viele Landwirthe begehen in der Viehhaltung einen Fehler dadurch, daß sie mehr Vieh halten, als sie wirklich genügend ernähren können; mit anderen Worten, daß sie zu viel Vieh halten und zu wenig Futter haben. Aber es ist ein gar großer Irrthum, wer da glaubt, viel Vieh halten sei klug auch bei nicht reichlicher Ernährung. Um auch diesen Irrthum recht anschaulich zu machen, muß etwas weit ausgeholt werden.

Ein mäßig lebender Mensch verzehrt in einem Jahre wohl 500 Pfund feste Nahrungsstoffe in Speise und Trank, und doch wiegt er am 31. December des Jahres nicht 1 Loth mehr als er am 1. Januar gewogen hat. Die ganze Menge der genossenen Nahrungsmittel hat nur dazu gedient, sein Leben zu erhalten, von einer Gewichtsvermehrung seines Körpers ist keine Spur; er ist nicht größer und fetter, nicht stärker und dicker geworden. Fragst du nun, wohin sind die 500 Pfund Nahrungsstoffe gekommen? Nun, ein Theil, etwa ein Fünftel, wird sichtlich aus dem Körper wieder ausgeschieden, nämlich in der Gestalt der Excremente; die übrigen vier Fünftel haben sich in unmerklicher Weise theils durch die Ausathmung, theils durch die Ausdünstung aus dem Körper entfernt.

In ganz gleicher Weise bedarf auch das Thier eine bestimmte Menge Futter, um leben zu können und sich zu erhalten. Dieses Futter wird kurzweg das Erhaltungsfutter genannt. Auch von diesem verschwindet ein großer Theil, wohl $1/2$—$2/3$, je nach der Beschaffenheit der gereichten Futterstoffe, während des Durchganges durch den thierischen Körper, und der Landwirth hat von diesem Futter keinen weiteren Nutzen als den abfallenden Dünger. Erhält nun ein Thier nicht einmal so viel Futter, als zur Erhaltung seines Lebens nöthig ist, so schießt der Körper selbst eine Zeitlang soviel zu, als mangelt; in solchem Falle verschwindet zuerst das Fett, dann nach und nach das Fleisch, und das Thier magert mehr und mehr ab, bis es endlich vor lauter Magerkeit und Mattigkeit und Hunger stirbt. Nun aber das Gegentheil. Erhält nämlich ein Thier soviel Futter, daß es dasselbe zur Erhaltung seines Lebens nicht sämmtlich braucht, so vermag der thierische Organismus aus dem Ueberschusse neue Stoffe zu bilden, so z. B. beim Mastvieh Fleisch und Fett, beim Melkvieh Milch, beim Zugvieh Muskelkraft, bei den Schafen Wolle. Das Futter, durch welches diese Produkte gebildet werden, heißt Erzeugungs- oder Produktionsfutter.

Solches Produktionsfutter muß jedes Thier erhalten, welches Nutzen gewähren, und um so mehr, je größer derselbe sein soll. Darum merkt euch, ihr Landwirthe, wohl: Nur von dem Produktionsfutter, welches ihr euren Thieren reicht, könnt ihr Erträge erwarten, und diese werden um so reichlicher ausfallen, je mehr sich die Futtermenge der Grenze nähert, bis zu welcher die Thiere überhaupt geneigt sind, Futterstoffe aufzunehmen. Aus diesem Futter ziehen die Thiere weniger, gleichsam nur die feinsten Theile aus, so viel deren zur Erzeugung von Fleisch, Milch 2c. nöthig ist, alle übrigen gehen in den Dünger, welcher deshalb von dem Produktionsfutter in weit reichlicherer Menge abfällt, als von dem Erhaltungsfutter; daher die oben gegebene Regel, daß, wer reichlich Dünger erzeugen will, auch reichlich füttern muß.

Nächst der Futtermenge verdient auch die Güte der Futterstoffe die sorgsamste Beachtung des Landwirths. Soll das Futter dem Thiere Saft und Kraft geben, so muß auch das Futter selbst Saft und Kraft haben. Futtermittel, die arm an Nahrungskraft sind, wie z. B. Kartoffeln, Rüben, Stroh, geben daher, allein verfüttert, bei weitem nicht den Nutzen, wie andere kräftige Nahrungsstoffe.

Hieraus ist aber ersichtlich, wie unvortheilhaft und thöricht alle die handeln, die bei wenig und geringem Futter viel Vieh halten und diesem das Erhaltungsfutter schon kärglich und knapp zumessen müssen, so daß von Produktionsfutter gar keine Rede sein kann. Nutzen kann solches Vieh nicht bringen und guten Dünger auch nicht. Es kann daher auch gar nicht auffallend sein, wenn solche Landwirthe die Viehzucht, wie schon mehrfach erwähnt, als ein nothwendiges Uebel ansehen. Sie würden viel vortheilhafter handeln, wenn sie mit ihrem wenigen und geringen Futter nur halb so viel Vieh hielten und dieses dann reichlich nährten, so daß nicht allein das Erhaltungsfutter reichlich, sondern auch das Productionsfutter in gehöriger Menge gegeben werden könnte; dann würde auch der Nutzen kommen, ohne daß Hexen und Satanas diesen zu bringen haben, wie noch so viele abergläubische Bauernweiber für wahr halten. Ja, man kann getrost behaupten, daß derjenige, welcher seine Gras- und Heufresser ungenügend füttert und hungern läßt, dieselben zu Fressern ihres eigenen Fleisches macht und so an ihnen einen Mord begeht, ohne daß er es weiß; denn ein solcher unverständiger Landwirth zwingt gleichsam seine Thiere, einen Theil ihres Fettes und Fleisches zu ihrer Erhaltung, oder wenn er dem Melkvieh noch gar etwas Milch abzwingt, zur Erzeugung dieser mit zu verwenden, um das am Futter Fehlende zu ersetzen. Aber ein solcher Zwang zum Unnatürlichen rächt sich bitter, denn dieses Fleischerhaltungsfutter ist ein sehr theures und diese Fleischmilch eine sehr theure und kostbare. So aber sieht es in noch gar vielen Bauernwirthschaften aus, und noch gar viele Landwirthe gibt es, die zu viel Vieh halten und zu wenig Futter haben.

Und nun zum Schluß noch eine Geschichte, wie sie in dem landwirthschaftlichen Kalender vom Jahre 1859 erzählt wird.

Am Rhein lebte noch kürzlich ein alter, erfahrener Practicus, dessen Wirthschaft sich durch einen besonders vorzüglichen Viehstand so auszeichnete, daß weit und breit seines Gleichen nirgends zu treffen war, und daß selbst verständige Landwirthe viele Stunden weit kamen, diesen Viehstand zu sehen, um sich Raths in Bezug auf ihren Viehstand bei diesem Graukopf zu holen. Kam nun derselbe in einen fremden Stall, so fragte er zuerst nach dem Futter, forderte dann gewöhnlich ein Stück Kreide und zog damit in der Mitte des Stalles eine Linie, die denselben in zwei Hälften theilte. Sein Rath lautete dann gewöhnlich dahin: „Eine von beiden Hälften muß weg. Könnt ihr sie verkaufen, gut; wenn nicht, so verschenkt sie.“ Von denen, die diesen Rath befolgten, soll es Keinen gereut haben.

Ja, in der That, man kann euch, lieben Landwirthe, die ihr über geringe Milcherträge, über Düngermangel u. dergl. klagt, keinen besseren Rath geben als: denkt an den Kreidestrich; und euch, die ihr über geringe Ernten und den geringen Ertrag der kleineren Landwirthschaft klagt, keinen besseren als den: leset dieses Büchlein recht aufmerksam durch, beherziget Alles wohl, denkt darüber recht nach und thut endlich auch danach; denn so ihr solches Alles wisset — wohl euch, wenn ihr danach thut! Und hiermit seid Alle unserem treuen Herrgott und seinem Segen befohlen.

Leipzig
Druck von Giesecke & Devrient.

Leipzig, Druck von Giesecke & Devrient.